U0466310

由社科文献出版社出版。此次受中央美术学院美育研究院院长宋修见先生之托和中国文联出版社党委书记、董事长尹兴先生之邀对1984年版本进行了修订，由中国文联出版社再版。文中错误和不当之处仍在所不免，敬请读者指正。

徐恒醇

2024年6月1日

绿色发展通识丛书
GENERAL BOOKS OF GREEN DEVELOPMENT

走出化石时代
低碳变革就在眼前

［法］马克西姆·孔布／著
韩珠萍／译

中国文联出版社
http://www.clapnet.cn

图书在版编目（CIP）数据

走出化石时代：低碳变革就在眼前 / (法) 马克西姆·孔布著；韩珠萍译. -- 北京：中国文联出版社，2019.1

（绿色发展通识丛书 / 朱庆主编）

ISBN 978-7-5190-4000-0

Ⅰ.①走… Ⅱ.①马… ②韩… Ⅲ.①新能源－能源经济－研究－世界 Ⅳ.①F416.2

中国版本图书馆CIP数据核字(2018)第247478号

著作权合同登记号：图字01-2017-5137

Originally published in France as : Sortons de l'âge des fossiles ! Manifeste pour la transition dy Maxime Combes © Edltions du Seuil, 2015

Current Chinese language translation rights arranged through Divas International, Paris ／ 巴黎迪法国际版权代理

走出化石时代：低碳变革就在眼前
ZOUCHU HUASHI SHIDAI: DITAN BIANGE JIUZAI YANQIAN

作　　者：[法] 马克西姆·孔布	
译　　者：韩珠萍	
出版人：朱　庆	终审人：朱　庆
责任编辑：袁　靖	复审人：闫　翔
责任译校：黄黎娜	责任校对：刘成聪
封面设计：谭　锴	责任印制：陈　晨

出版发行：中国文联出版社
地　　址：北京市朝阳区农展馆南里10号，100125
电　　话：010-85923076（咨询）85923000（编务）85923020（邮购）
传　　真：010-85923000（总编室），010-85923020（发行部）
网　　址：http://www.clapnet.cn　　http://www.claplus.cn
E - m a i l：clap@clapnet.cn　　yuanj@clapnet.cn

印　　刷：中煤（北京）印务有限公司
装　　订：中煤（北京）印务有限公司
法律顾问：北京市德鸿律师事务所王振勇律师
本书如有破损、缺页、装订错误，请与本社联系调换

开　　本：720×1010	1/16
字　　数：116千字	印　张：14.5
版　　次：2019年1月第1版	印　次：2019年1月第1次印刷
书　　号：ISBN 978-7-5190-4000-0	
定　　价：50.00元	

版权所有　翻印必究

"绿色发展通识丛书"总序一

洛朗·法比尤斯

1862年，维克多·雨果写道："如果自然是天意，那么社会则是人为。"这不仅仅是一句简单的箴言，更是一声有力的号召，警醒所有政治家和公民，面对地球家园和子孙后代，他们能享有的权利，以及必须履行的义务。自然提供物质财富，社会则提供社会、道德和经济财富。前者应由后者来捍卫。

我有幸担任巴黎气候大会（COP21）的主席。大会于2015年12月落幕，并达成了一项协定，而中国的批准使这项协议变得更加有力。我们应为此祝贺，并心怀希望，因为地球的未来很大程度上受到中国的影响。对环境的关心跨越了各个学科，关乎生活的各个领域，并超越了差异。这是一种价值观，更是一种意识，需要将之唤醒、进行培养并加以维系。

四十年来（或者说第一次石油危机以来），法国出现、形成并发展了自己的环境思想。今天，公民的生态意识越来越强。众多环境组织和优秀作品推动了改变的进程，并促使创新的公共政策得到落实。法国愿成为环保之路的先行者。

2016年"中法环境月"之际，法国驻华大使馆采取了一系列措施，推动环境类书籍的出版。使馆为年轻译者组织环境主题翻译培训之后，又制作了一本书目手册，收录了法国思想界最具代表性的40本书籍，以供译成中文。

中国立即做出了响应。得益于中国文联出版社的积极参与，"绿色发展通识丛书"将在中国出版。丛书汇集了40本非虚构类作品，代表了法国对生态和环境的分析和思考。

让我们翻译、阅读并倾听这些记者、科学家、学者、政治家、哲学家和相关专家：因为他们有话要说。正因如此，我要感谢中国文联出版社，使他们的声音得以在中国传播。

中法两国受到同样信念的鼓舞，将为我们的未来尽一切努力。我衷心呼吁，继续深化这一合作，保卫我们共同的家园。

如果你心怀他人，那么这一信念将不可撼动。地球是一份馈赠和宝藏，她从不理应属于我们，她需要我们去珍惜、去与远友近邻分享、去向子孙后代传承。

2017年7月5日

（作者为法国著名政治家，现任法国宪法委员会主席、原巴黎气候变化大会主席，曾任法国政府总理、法国国民议会议长、法国社会党第一书记、法国经济财政和工业部部长、法国外交部部长）

"绿色发展通识丛书"总序二

铁凝

这套由中国文联出版社策划的"绿色发展通识丛书",从法国数十家出版机构引进版权并翻译成中文出版,内容包括记者、科学家、学者、政治家、哲学家和各领域的专家关于生态环境的独到思考。丛书内涵丰富亦有规模,是文联出版人践行社会责任,倡导绿色发展,推介国际环境治理先进经验,提升国人环保意识的一次有益实践。首批出版的40种图书得到了法国驻华大使馆、中国文学艺术基金会和社会各界的支持。诸位译者在共同理念的感召下辛勤工作,使中译本得以顺利面世。

中华民族"天人合一"的传统理念、人与自然和谐相处的当代追求,是我们尊重自然、顺应自然、保护自然的思想基础。在今天,"绿色发展"已经成为中国国家战略的"五大发展理念"之一。中国国家主席习近平关于"绿水青山就是金山银山"等一系列论述,关于人与自然构成"生命共同体"的思想,深刻阐释了建设生态文明是关系人民福祉、关系民族未来、造福子孙后代的大计。"绿色发展通识丛书"既表达了作者们对生态环境的分析和思考,也呼应了"绿水青山就是金山银山"的绿色发展理念。我相信,这一系列图书的出版对呼唤全民生态文明意识,推动绿色发展方式和生活方式具有十分积极的意义。

20世纪美国自然文学作家亨利·贝斯顿曾说:"支撑人类生活的那些诸如尊严、美丽及诗意的古老价值就是出自大自然的灵感。它们产生于自然世界的神秘与美丽。"长期以来,为了让天更蓝、山更绿、水更清、环境更优美,为了自然和人类这互为依存的生命共同体更加健康、更加富有尊严,中国一大批文艺家发挥社会公众人物的影响力、感召力,积极投身生态文明公益事业,以自身行动引领公众善待大自然和珍爱环境的生活方式。藉此"绿色发展通识丛书"出版之际,期待我们的作家、艺术家进一步积极投身多种形式的生态文明公益活动,自觉推动全社会形成绿色发展方式和生活方式,推动"绿色发展"理念成为"地球村"的共同实践,为保护我们共同的家园做出贡献。

中华文化源远流长,世界文明同理连枝,文明因交流而多彩,文明因互鉴而丰富。在"绿色发展通识丛书"出版之际,更希望文联出版人进一步参与中法文化交流和国际文化交流与传播,扩展出版人的视野,围绕破解包括气候变化在内的人类共同难题,把中华文化中具有当代价值和世界意义的思想资源发掘出来,传播出去,为构建人类文明共同体、推进人类文明的发展进步做出应有的贡献。

珍重地球家园,机智而有效地扼制环境危机的脚步,是人类社会的共同事业。如果地球家园真正的美来自一种持续感,一种深层的生态感,一个自然有序的世界,一种整体共生的优雅,就让我们以此共勉。

2017 年 8 月 24 日

(作者为中国文学艺术界联合会主席、中国作家协会主席)

目录

序一

序二

1 解锁变革

驱逐真正的气候变化怀疑论者（003）

阻止要继续开采的人（035）

从金融界手中夺回能源（073）

在自由贸易和气候之间抉择（095）

2
为变革扫清障碍

摆脱单一思维（117）

摆脱科技进步的影响（130）

摆脱技性科学的幻想（147）

3
开启变革

停止一切，好好反思（155）

关注我们的能源未来（165）

为了改变一切而试验（177）

致谢（188）

序一

被迫走出化石时代

著名的美国气候学家詹姆斯·汉森[①]认为,地球内部蕴藏着丰富的石油、天然气和煤炭,足够令大气温度上升10℃,甚至15℃。除了气候变化怀疑论者和精神完全失常的人,大家都应该承认地下有过多的石油、煤炭和天然气。无论从化石资源总储量来看还是从单类能源储量来看,地下的化石资源并不缺乏,反而过多了。曾经有些人认为,随着化石能源的逐渐耗竭,我们将走出困境,至少我们的任务会变得简单。但事实并非如此。

因此,要想避免气候异常,坐等化石资源消耗殆尽是不可能的,而且政界对此也毫无意愿。我们可以选择。我们可以选择燃烧完所有的化石燃料,让地球不宜居住,或者我们

[①] 詹姆斯·汉森,马奇克·萨托,加里·罗素,浦西卡·卡拉恰,《气候敏感性、海平面和大气中的二氧化碳》,《哲学会刊》,2013,371,20120294. doi: 10.1098/ rsta.2012.0294.

也可以选择走出化石时代。没有一种文明能下定决心，放弃开采大部分的自然资源，因为自然资源是各个文明的经济、政治和能源体系得以发展的核心。而现在，多方发出了强烈的反对声。

因此，目前我们面临着巨大的挑战。如果人类还想继续生存下去，将不得不让极其丰富的化石能源留在地下。享有盛誉的德国物理学家汉斯·约阿希姆·舍尔恩胡伯呼吁，让化石能源工业和建立在无度[1]的化石燃烧上的经济体系"自内而外瓦解"。

走出化石时代不仅是紧急而必要的，也是可能的。本书的目的在于明确走出化石时代的条件，并指明道路。我们要解锁变革、清除障碍、发动变革，走向一个宜居而理想的未来。

---

① 达米安·卡灵顿，《顶尖科学家说，化石燃料工业必须"自爆"才能避免气候灾难》，《卫报》，2015-07-10。www.theguardian.com/environment/2015/jul/10/fossil-fuel-industry-must-implode-to-avoid-climate-disaster-says-top-scientist?CMP=share_btn_tw.

序二

让化石留在地下,这种想法值得研究!

"就像这些迹象显示的,他们兴高采烈地淘金,内心重焕青春,充满激情。他们渴望获得金子,而且身体早已坦白了一切。这些人就像饥饿的猪一样,觊觎着黄金。"

爱德华多·加莱亚诺《拉丁美洲被切开的血管》(1971年)

"如果我们掉进洞里,最糟的选择是继续挖下去。"

沃伦·爱德华·巴菲特

气候警报不再出现。2015年6月可能是人类有史以来最热的一个月[1],而且2015年前六个月的气温记录也说明了气候正

---

[1] 美国国家海洋和大气管理局,《整体分析》,2015-06。www.ncdc.noaa.gov/sotc/global/201506.

不断变暖。2014年曾是有记录以来最热的一年①。总而言之，工业革命以来最热的14年，除了1998年，其他13年都处于21世纪。1998年出现了强劲的厄尔尼诺现象，这种周期性现象能提高热带太平洋的温度，因此该年也跻于最热年份排行榜。回顾气温记录，仅1985年2月的气温低于20世纪同期平均气温，之后再无此类现象发生。局部地区也出现了气候警报②。

毫无疑问，史无前例

如今，事实摆在眼前。地球变暖既有事实依据，也有科学佐证。政府间气候变化专门委员会第五次报告指出，"气候变暖是毫无疑问的，自20世纪50年代以来，出现了许多几十年，甚至几千年未曾出现的气候变化③"。如果人类袖

---

① 斯蒂凡娜·富卡尔，《2014年是有纪录以来最热的一年》，《世界报》，2015-01-16。www.lemonde.fr/climat/ article/ 2015/01/16/l-annee-2014-confirmee-comme-la-plus-chaude-jamais- enregistree_4558003_1652612.html.

② 根据法国气象局的数据，2014年法国本土的年均气温比正常值高了1.2℃。法国史上观测到的最热的15年全都发生在最近25年。2014年，英国、比利时、西班牙和德国也创下了高温纪录，年均气温比正常值高了1.4℃。

③ 政府间气候变化专门委员会，《2013年气候变化，科学因素，以及给决策者的概要性结论》，www.ipcc.ch/ new-s_and_events/docs/ar5/ar5_wg1_headlines_fr.pdf.

手旁观,那么本世纪末地球平均温度将比工业化前升高4℃至5℃。到2300年,气温有可能提高8℃或12℃以上,或者至少是各国在哥本哈根气候大会上(2009年)商定的最高目标——2℃的两倍以上。

截至目前,地球平均升温达到0.85℃,其后果明晰可见。从菲律宾到美国,从澳大利亚到巴基斯坦,从萨赫勒到近东,从俄罗斯到亚马孙,不论是发展中国家还是发达国家,各国均受影响,都遭受了种种灾难。

海洋温度升高,海水酸化,改变了海洋的生态系统和洋流。安第斯山脉、阿尔卑斯山脉以及喜马拉雅山脉的冰川消融,格陵兰岛和北极的冰帽面积在夏季缩小,海平面上升(20厘米)威胁着地球上众多的海岸及岛屿,雨季和季风的规律彻底紊乱,干旱和暴雨增多,极端气候现象数量增加、频率变高。

乐施会[1]表示,自1980年起气候灾害增加了233%。2009年起,气候灾害影响了6.5亿多人,造成11.2万多人死

---

[1] 法国乐施会,《弗朗索瓦·奥朗德对菲律宾的访问之旅应该是重新审视以气候协商为中心的融资问题的时机》。www.oxfamfrance.org/sites/default/ files/file_attachments/note_oxfam_visite_de_francois_hollande_aux_ philippines.pdf.

亡，总计损失可达5000亿美元。南北国家之间的不平等现象凸显：北半球发达国家的保险公司用经济损失来评估最严重的灾害，但是南半球发展中国家最大的损失则是人。从经济发展结果可见一斑：对世界经济而言，曼哈顿比菲律宾农民更具价值。

地球毁灭

12.5万年前的温度比现在高2℃左右，海平面也比现在高了近6米。目前，近四百万人居住在海拔1～3米的小型珊瑚岛上：印度洋上的马尔代夫群岛和太平洋上的基里巴斯群岛、图瓦卢群岛将会被上涨的海水淹没。共计有7.1亿人居住在海拔低于10米的地区，13亿人所在地区的海拔低于25米[1]。这些人正面临着海平面升高的威胁。

至21世纪末，孟加拉湾的3000万孟加拉人将被迫离开故土。数亿人会离开广阔的沿海区域，离开他们的居住地和生产地，其中也包括了北半球发达国家的人民。2014年法国沿大西洋的海岸线后退了10～40米，这难道不是事实吗？

---

[1] 本杰明·斯特劳斯陈述给贾斯汀·吉列斯的计算，《海平面和浴缸类比的限制》，《纽约时报》，2013-01-22。http://green.blogs.nytimes.com/2013/01/22/sea-level-and-the-limits-of-the-bathtub-analogy/?_r=0.

然而，一旦离开了沿海地区，这些人又该去往何方？如今，人口迁移造成的紧张局势已是有目共睹，而且还会加剧贫困、发展滞缓、资源控制权的争夺等，从而激化冲突。

政府间气候变化专门委员会预计，气温每上升2℃，全球每年的生产总值将减少2%。《斯特恩报告》证实，不作为有可能导致"世界生产总值从现在起每年减少至少5%"[1]。经过了2012年的宝霞台风和2013年的海燕台风后，菲律宾政府指出，每年台风季造成的灾害损失和灾后重建费用高达国家财富5%[2]。

就农业而言，众多地区的生产率剧减，国际市场农产品的价格浮动变大，对所有有关粮食安全和主权的目标和项目产生不利影响。近东和萨赫勒地区的动荡与近年的大旱不无关系。政府间气候变化专门委员会估计，21世纪全球农业收入每十年减少2%，会对小麦、玉米、大米等敏感的农产品的种植产生影响，除非人类能在新地区开展种植活动以弥补此

---

[1] 尼古拉斯·斯特恩，《斯特恩报告：气候变化的经济学》，伦敦，英国财政部，2006。

[2] 约翰·维达尔，《海燕台风：真正地警示菲律宾人的是无视气候变化的富有世界》，《卫报》，3013-11-08。www.theguardian.com/commentisfree/2013/nov/08/typhoon-haiyan-rich- ignore- climate-change

类收入的减少[1]。用水问题更为棘手，可见人类远远低估了气候变暖在公众卫生方面造成的恶果。

气候变暖速度之快，考验着许多物种的适应能力。有的物种无法马上迁移，有的不能再次找到适合的生态系统。其中很多物种或已经开始转移，或改变自身行为习惯，或试图适应已经发生的深度变化。气候变暖与污染、资源过度开发等其他因素相互影响，已经成为正在发生的第六次动植物灭绝甚至更严重的物种灭绝的主要原因之一：六分之一的物种将因为气候变暖而消失[2]。

地球升温将高于4℃？

当地球升温达4℃甚至更高时，会发生什么？世界银行如此描述气候异常："沿海城市被淹没，粮食生产不足导致营养不良率提高；干旱地区沙漠化程度加深，潮湿地区的湿度增加；许多地区出现前所未有的热浪，尤其是热带地区；众

---

[1] 政府间气候变化专门委员会，《2014年气候变化：后果、适应和脆弱性》，2014-03。www.ipcc.ch/report/ar5/wg2/index_fr.shtml.

[2]《气候变化最终有可能使全球六分之一的物种灭绝》，《科学》，2015-04-30。http://news.sciencemag.org/climate/2015/04/ climate-change-could-eventually-claim- sixth-world-s-species.

多地区的缺水问题愈加严峻，热带飓风愈加频繁；生物多样性不可避免地减少，特别是珊瑚礁将会消失"[1]。

地球升温高于4℃，将会毁坏饮用水供应系统，提高腹泻和呼吸系统疾病的发生率，促进感染病的传播，加剧饥饿与营养不良状况……从现在起至2030年，近1亿人会死于气候变暖造成的后果（包括疾病和饥馑）和目前高碳能源模式造成的后果（包括大空气污染、癌症等）[2]。

生态系统遭受的损失必将大大影响大自然的生态功能，而这些生态功能对于人类的生命和日常生活至关重要。"升温4℃的地球与我们现在所认识的地球会有很大的不同，有可能激发巨大的不确定性，而且产生的新风险会威胁到人类的预测和规划能力，后者对于我们适应新环境是必不可少的[3]。"

---

[1] 世界银行，《降低温度，为什么要完全避免地球升温4℃》，《分析概论》，2012-11。www-wds.worldbank.org/external/default/WDSContentServer/WDSP/IB/2013/03/26/000445729_20130326121410/Rendered/PDF/632190WP0Turn000Box374367B00PUBLIC0.pdf.

[2] 达拉组织，《气候脆弱性监控器，炎热地球的降温计算指南》，第二版，2012。www.daraint.org/wp-content/ uploads/2012/09/CVM2-Low.pdf.

[3] 世界银行，《停止加热：极端天气、区域性影响以及恢复力案例》，www.worldbank.org/en/topic/climate- change/publication/turn-down-the-heat-climate-extremes-regional-impacts- resilience.

人类适应新环境的可能性也会大大降低。

欢迎来到人类世！

化石时代许下的诺言并未实现。2010年无电人口超过12亿，与1990年的数量相等[1]。20多亿人的日均生活支出低于2欧元，然而无度的化石能源消耗却造成了气候异常。化石能源时代是生态灾难的时代，我们的经济和政治体系不断加剧灾难，却不知如何解决。

气候变暖源于人类，但是所有人，包括过去的人和现在的人，并不负有同等责任。面对气候异常，我们也是不平等的：气候异常现象在地球上分布不均，而我们没有同样的资源去抵挡、适应，或者尝试避免这种混乱。生态不平等加重了社会不平等，使气候变暖成为了人与人之间公正、公平和团结的关键：仅拥有少量资源的人无论来自发达国家还是欠发达国家，在气候变暖问题上只须负边缘性责任，却往往是最受影响的人。

我们知道以上事实。近年来，相关研究、报告和数据越

---

[1] 世界银行，《服务一切的可持续性能源：执行概要》，http://documents.worldbank.org/curated/en/2013/01/17747194/global-tracking-framework-vol-1-3-global-tracking-framework-executive-summary.

来越多，能够深入分析，明确气候异常的影响，强调情况的紧急性。年复一年，气候异常的后果越来越显著。地球气候制度的深入而持久的改变是人类世的标志因素之一，这一新的地质时代来自于热能工业革命，使得人类社会变得极其脆弱。

人类社会的历史尽管短暂，但如今已经与地球漫长的历史紧密联系起来，而且人类发展模式是两者联系的重要原因，但这种不可持续的发展模式让人类社会的永恒受到质疑[1]。如果我们将生物多样性的减少、氮循环的失衡和土地使用情况变化过快加入到气候变暖行列，那么确保行星上的生命长久性的九条不能跨越的界限中已经有四条被越过了[2]。在这种情况下，自然和社会的对立以及人类活动中社会、经济、政治层面的对立就不复存在了。

然而，政府间气候变化专门委员会可以以95%的确定性肯定"人类活动是二十世纪中期以来观测到的气候变暖的主要原因"（根据该委员会之前的报告，2001年确定性为66%，2007年上升至90%）。的确，95%不等于100%，但是这微弱

---

[1] 克里斯托夫·博纳伊，让-巴蒂斯特·弗雷索，《人类世事件、地球、历史和我们，巴黎、界限、科尔》，《人类世》，2013。

[2] 约翰·罗克斯特伦，《人类的安全运转空间》，《自然》，2009-09-24，461，p. 472-475。

的不确定性是科学的，建立在复杂的气候学模型和大量数据之上，有其合理的依据、印证和支撑。许多政治决策都建立在各类研究之上，但这些研究的不确定性相对更大，尤其是在经济领域。

研究增加，但无作为占了上风！

警钟并不是刚出现的。气候变化的事实及其损失很早就众所周知了。我们虽然知道，但是视若无睹，并没有从战略高度做出回应。1988年，多伦多大会期间气候学家建议，从1998年到2005年，需要减少20%的二氧化碳排放；但缺乏可信的结果。二十多年来，围绕气候异常和已实施的政策的国际谈判并没有遏制温室气体排放的增加和全球气候变暖。

从1992年谈判起，温室气体排放增加了近60%，并且还在不停增加。工业革命以来二氧化碳工业排放总量的一半以上发生在1988年之后。这一年政府间气候变化专门委员会创立，知名气候学家詹姆斯·汉森在美国参议院用证据证明气候变暖的根源在于人类[1]。

---

[1] 皮特·弗兰霍夫，《全球变暖的事实：1988年以来人类排放了一半以上的工业二氧化碳》，忧思科学家联盟，2015-12-15。http://blog.ucsusa.org/global-warming-fact- co2-emissions-since-1988-764.

自此之后，二氧化碳排放量逐年创下新高。与之相对应的是，大气中的温室气体浓度也逐年提高，全球平均气温上升。温室气体排放的年增长速度减慢了吗？或许吧，但是世界气象组织观察到，大气中的温室气体浓度正持续快速地增加[1]。

把升温限制在2℃以下仍然是有可能的！这是政府间气候变化专门委员会第五次报告的第二大重点。2010年至2050年间，应该减少全球温室气体排放40%~70%（即RCP2.6，低排放情境）。按照现在的速度，碳预算在二十年后就会耗竭。而且从现在到2020年，如果人类毫无作为，那么就长期而言，地球变暖将超过3℃[2]。

此外，2℃的目标非常具有争议性：从很多方面来看，这一目标不足以保证2℃的升温对人类和其他生物不会带来灾难性后果。经过二十多年的科学研究，哥本哈根气候大会上各

---

[1] 联合国世界气象组织的主任克里斯蒂安·布隆丹于2015年7月10日在《新观察家》上发表文章《降低二氧化碳排放，不可一蹴而就》。http://tempsreel.nouvelobs.com/planete/20150710. OBS2475/la-baisse-des-emissions-de-co2-ce-n-est-pas-exactement-pour-tout-de-suite.html.

[2] 《第21届联合国气候变化大会：气候学家让·茹泽尔认为，2020年前必须行动起来》，《巴黎人报》，2015-06-10。www.leparisien.fr/environnement/cop21-selon-le-climatologue-jean-jouzel-il-faut-absolument-agir-avant-2020-10-06-2015-4849803.php.

国首脑提出了这个目标,这是一种社会妥协的成果。哥本哈根大会确定了一系列有待实现的目标。越来越多的科学研究和气候学家都支持1.5℃的最高升温目标,认为它更加合理。

气候变暖问题是一个"锅"

厨房里一旦开始溢锅,仅擦净锅沿不能解决问题。每个人都知道,如果要节省费用、避免灾难,就应该尽快减小炉灶的火力。"减小火力",是我们面对气候异常应该做出的举动。气候变暖的根源在人,因为大气中的温室气体富集而促进气候变暖,而其中67%以上的温室气体来自化石能源燃烧(二氧化碳占80%)。化石能源的燃烧显然是气候变暖的"罪魁祸首"。

因此,减少化石能源消耗是必不可少的。我们应该尽快行动,以"减小火力"。

美国、加拿大、巴西、沙特阿拉伯、俄罗斯、澳大利亚等国家和埃克森、雪佛龙、英国石油公司、壳牌、道达尔、康菲石油公司等能源类跨国公司却背道而驰:它们为了获取利益不停投资、挖掘,全球石油、天然气和煤炭消费不断攀升。如同我们在开始溢锅时加大炉灶的火力,这些国家和跨国公司近些年的举措便是如此,真是既愚蠢又危险,万万不能继续下去。

事实不言自明。毫无疑问:地球正在"溢锅"。地球温度升高,毫不夸张地说,某些地区正在燃烧:加利福尼亚和巴西南部快没水了，新德里呼吸困难，萨赫勒感到窒息，俄罗斯和澳大利亚的森林化为一炬。每当开始溢锅，灾难随之而来，精英阶层遵循娜奥米·克莱恩①提出的"休克主义"，大发"灾难财"。有了政治和心理震荡作为前提，娜奥米·克莱恩允许精英们强加一些不可能的新自由主义和反动的决定。

让化石留在地下，这是一个科学的要求！

我们并不缺乏相关科学研究，能够明确指出人们不应该开采大部分化石能源。就在最近，2015年1月8日，伦敦大学学院的克里斯多夫·麦格莱德和保罗·伊金斯在《自然》期刊上发表了一项研究报告，报告中提到如果要使气温上升控制在2℃的概率为50%，那么就不应该开采三分之一的石油储量、一半的天然气储量和80%以上的煤炭储量。也就是说将石油（储量可供使用52年）、天然气（储量可供使用54年）和煤炭（储量可供使用110年）的总储量的一大半留在地下②。

---

① 娜奥米·克莱恩，"休克主义"，灾难资本主义的崛起，阿尔勒，南部行动，2008。

② 英国石油公司，《全球能源的数据回顾》，2015-06。www.bp.com/content/dam/bp/pdf/Energy-economics/statistical-review-2015/bp-statistical-review-of-world-energy-2015-full-report.pdf.

2009年联合国在哥本哈根召开了有关气候变化的第5次大会,即《联合国气候变化框架公约》缔约方第15次会议,也被喻为"拯救人类的最后一次机会"。就在气候大会召开几个月前,波茨坦气候影响研究所在《自然》杂志上也发表了一项同类的研究,其结论非常直接:要想让地球升温在本世纪末不超过2℃的概率维持在合理水平,那么2050年前最多只能使用已探明化石能源储量的四分之一。

日程表

2009年,我还是一个年轻的斗士,不会被那些数字吓退,希望能认真地对待气候挑战。彼时,波茨坦研究所制定了一个日程表:应该大大减少全球化石能源的开采。人类的毫无作为否定了科学研究的成果,令气候变暖的程度远高于国际社会设置的2℃界限。因此,无为是一种气候犯罪,可以以法律为依据进行审判[①]。

但是,各个国家元首和政府首脑以及能源类跨国公司的管理层并没有这么做。在长达二十多年的联合国气候变化谈

---

① 尼古拉斯·埃尔林格,马克西姆·孔布,让娜·普朗什,克里斯托夫·博纳伊,《停止气候犯罪》,《为走出化石时代的公民社会号召》,巴黎,瑟约出版社,《人类世》,2015。

判中，从来没有提过将全部或者部分的化石能源留在地下[1]。没有国家、跨国公司、国际组织提议从源头限制煤炭、天然气和石油的生产。相反，为了满足对利益和权力的欲望，他们以生产本位主义为原则，抛出物质承诺，贪婪无度地开采化石能源。

正如麦格拉德和伊金斯所写："政客不断地迅速地彻底地开采地下可用的化石能源，他们这种行为与2℃的目标无法兼容的[2]。"各国国家元首和政府首脑表现得如同不减少化石能源开采也能减少温室气体排放一样。这不可能，"锅"必将滚烫。

走向国际禁令？

麦格拉德和伊金斯建议，所有非常规碳氢化合物能源应

---

[1] 乔治·蒙比欧引用了乔治·马歇尔《甚至不要思考这个》一书的内容。该书由布鲁姆斯伯里出版社于2014年在纽约出版。在书中，乔治·马歇尔发现在有关气候变化的国际谈判当中，没有涉及到有关限制化石能源生产的建议、讨论和文件。

[2] 克里斯托夫·麦克格莱德，保罗·伊金斯，《当全球升温限制在2℃内，未使用的化石燃料的地域分布》，《自然》，No.517，2015-01-08，p.187-190。

该被列入"不可燃烧物"之列。非常规碳氢化合物[①]包括深海石油和天然气、页岩油气、油砂和北极地区的碳氢燃料等，是各国和各跨国公司争相开发的能源。两位学者也建议针对新的化石能源勘探和开采行为建立一个国际禁令机制。这是一个好的起点：既然无法减小"锅"的火力，那么也不应加大火力。

这个想法并不新颖。20世纪90年代起，一些针对化石能源开采对当地居民影响的反对组织，如厄瓜多尔的"生态行动"组织和国际石油观察组织，建议施行一个同样类型的国际禁令。此类禁令提议曾被致力于协商《京都议定书》的各国联手驳回，在其他（过于）关注温室气体排放程度的非政府组织看来，禁令提议并没有取得预期的成功。

本书的目的在于表明，现在已经到了顺应时代要求、重提国际禁令的时候，而且人类不能再简单地开采石油、天然气和煤炭矿层。这一提议的好处众多，不再仅从消费和生产下游的角度了解温室气体的排放，反而开始从根源解决问题，即从化石能源生产的层面。蕴藏在地壳中的碳通过化石能源的生产进入大气，干扰了地球功能的正常运行。

---

① 非常规碳氢化合物能源其实是一种自然能源，因开采方式不同而被称之为非常规能源

从根源解决问题

正如评论家娜奥米·克莱恩所写，要认真对待"改变一切"的气候变化。她的最新作品的中文名即为《改变一切》[①]，这意味着应该重新对导致气候变化的相同原因提出质疑。事实上，我们应该拒绝对碳氢化合物的无度开采。不开采这些资源，不把它们交给国际市场，这难道不是最好的方式来保证它们不被消费、不加剧气候异常吗？

人们有可能在全球实践这个提议，因为目前许多能源采掘项目正在世界各地进行，或者处于计划之中。这个提议旨在实地解决全球关键问题，这一点从减少温室气体排放的数据中就可以发现。提议中的数据也立足于现实，经常使用2020年、2050年或2100年的数据，能够巧妙地增强群众运动的影响。这些民间运动反对矿产采掘企业，无论开采亚马孙石油还是开采欧洲页岩气。此外这些运动还阻止输油管、精炼厂等新兴基础设施的建设，或者强迫公共及私人机构停止对化石能源领域的投资。

[①] 娜奥米·克莱恩，《改变一切：资本主义和气候变化》，阿尔勒，南部行动，2015。

停止新的化石能源设施的建设！

这相当紧急。普林斯顿大学斯蒂文·戴维斯和罗伯特·索科洛的一则研究显示，为了将地球升温维持在2℃以下，2018年起不能再建造任何新的化石能源设施（包括燃煤发电站、天然气发电站和独立的石油工程基础设施等）[1]！根据已建基础设施将使用的化石能源数量——两位研究人员也称之为"碳承诺"，他们指出现有资本投资如何加剧气候异常，如何打造一个囿于化石能源的未来。现在还有三年可以扭转趋势。

禁令的提议奠定了一些可为绝大多数人理解的目标的基础。我们应该学会跨出化石经济，而且新的发电站、机场、输油管、液化工厂、再气化工厂、精炼厂今后应被视为化石经济的遗迹。因此禁令提议为谴责和打击所有的拒绝延期和支支吾吾的政治和经济势力提供了支撑。顽抗者数量巨多，包括那些自称为气候而坚定行动的人。

众多有待清除的障碍！

目标已定。障碍面前不可天真。化石能源的生产关系到各

---

[1] 斯蒂文·戴维斯，罗伯特·索科洛，《二氧化碳排放的核算承诺书》，《环境研究快报》，2014。

国、各跨国企业之间的经济和实力对比，意义重大，因此国际禁令的提议没有获得预期的成功，我们也能够理解。那些完全抗拒禁令的政治和经济势力很强大，且组织完善。1992年里约热内卢峰会上，乔治·布什称"美国生活模式不容商议"。当权者和一些明星一起发动反对气候变化的抗议活动，这其实是近25年来政治和经济世界经常会提及的一个话题。

我们面临着众多障碍：从上到下审视最富裕人群的生产和消费模式无法一蹴而就。很明显，这是一项严峻的挑战。有些人认为办不到，是一个乌托邦。但是有什么替代方法？地球升温超过4℃就基本无法居住，难道我们还能满足于仅仅擦干净"锅"的边缘吗？好好思考一下，就能很快做出抉择。我们不甘心，那么就只有一种可以接受的、可行的情况。如果不彻底而迅速地减少化石能源的开采，我们将不得不面对地球生态体系无法逆转的恶化，成千上万的人死亡，以及上千万人口遭受苦难、被迫迁徙[1]。

这或许是一种气候犯罪。现在，这种有预谋的集体犯罪已被正式记录在案。而且已经找出罪犯：自工业革命初期开

---

[1] 弗朗索瓦·热曼讷，尼古拉斯·埃尔林格，马克西姆·孔布，让娜·普朗什，克里斯托夫·博纳伊，《停止气候犯罪》，《为走出化石时代的公民社会号召》。

始，仅90家企业的温室气体排放量就占据了总排放量的三分之二①。他们说着要停止气候犯罪，但是又拒绝冻结化石能源，他们是时候来解释一下了：他们到底打算怎么办？燃烧整个地球吗？

本书的计划在于探究言语和行动的矛盾、夸张的行动呼吁和毫无价值的执行成果、科学研究结果和观测到的现实之间的差距不断增大的根源。同时，本书也讨论经济金融全球化的现实和有关气候的政策及谈判之间的不协调。一方面，经济金融全球化促使人类无度地开采化石能源，而另一方面，相关的政策及谈判则回避了这些问题②。

人类是时候走出化石能源时代、拓展新的可能了。石油时代是人类历史中一段短暂的插曲：从1860年现代石油工业的开端到现在，一半以上的石油是在1980年之后被消费的③。

---

① 理查德·希德，《追踪来自化石燃料和水泥生产商的人为的二氧化碳和甲烷排放，1854-2010》，《气候变化》，No.122，p.229-241；理查德·希德，《碳专业，核算碳和甲烷排放，1854-2010，方法和结果报告》，气候减缓服务 www.climateaccountability.org/pdf/MRR%209.1%20Apr14R.pdf.

② 斯特凡·艾库特，艾米·达军，《气候变化管理、现实分裂的分析》，受多米尼克·帕斯特的指导，《管理进步及其损失》，巴黎，《发现》，2014

③ 蒂莫西·米切尔，《碳民主，石油时代的政治力量》，《发现》，2013

以下为结束这段插曲、走出化石时代的十个步骤，细化为十个章节。

第一步：驱逐真正的气候变化怀疑论者。

越来越多的国家元首、政府首脑、跨国公司和国际机构的领导者、金融家及银行家"气候化"和"绿化"他们的言论。他们宣称自己"行动坚定"，但是却从未采取什么关键行动。周日，他们在有关气候的公开演讲中振振有词，但是其他时间却继续"一切照常"，没有作为。这些精神分裂者难道不是一类新的气候变化怀疑论者吗？目前否认地球变暖的人为因素的人越来越少，但是上述精神分裂者难道不是更加可怕吗？他们否认唯一有可能阻止"地球之锅"继续变暖的措施，拒绝冻结碳氢燃料。现在是时候驱逐这些新的气候变化怀疑论者了，这也是本书的目的之一。

第二步：阻止要继续开采的人。

努力维持甚至扩大全球化石能源生产的狂热者的宗旨是挖得越来越远、越来越深。他们的官方说法是什么呢？供给全球发展、保证发展还是促进能源渠道民主化？这是他们的真实目的吗？反正不是迫使能源体系服从于气候限制和气候科学家的建议。然而，当我们到了矿洞底部时，应该停止挖掘了。继续开采的人是气候和变革的敌人，也是我们的敌人。是时候阻止他们的开采项目了。

第三步：从金融界手中夺回能源。

哪儿痛治哪儿。我们普遍认为在金融系统中，化石能源领域的企业如要长久生存下去，保证投资，就需要维持甚至增加能源储备。该领域的金融化往往相对显著，要求对新的碳氢化合物能源的研究和开采进行投资。化石能源企业和金融界必然会否认气候异常的后果，因此它们属于结构性的气候变化怀疑论者。是时候让能源公司和能源业卸下武器，进行去金融化了。

第四步：在自由贸易和气候之间进行抉择。

得益于世界贸易组织协定和其他有关贸易与投资的区域性或双边协定，商法的地位高于环境法，导致发展贸易比对抗气候异常更加重要。自由贸易政策通过进一步强化投资法，大大地降低了生态标准，损害了能源变革政策和对抗气候异常的政策。是时候改变这些协议的主观顺序了。

第五步：摆脱单一思维。

面对气候危机，支持维持经济现状的人提倡用市场解决问题。他们的想法几乎是巴甫洛夫式思想，他们认为没有价格的东西就没有价值，只要根据温室气体的排放量给气候定一个价格，经济活动者就能采取经济上最理想的方式来解决气候恶化问题。这个方式将能源变革托付给金融界，防止变革的关键受到政治影响。它倾向于通过经济模式化解生态系统的复杂性，而不是将物理限制引入到经济发展体制当中。是时候摆脱这个枷锁了。

第六步：摆脱科技进步的影响。

化石能源的衰竭代替了政治意愿的缺失，但我们无法坐等化石能源的耗竭。政客众多，他们提倡"一切照旧"，看穿了人类在气候谈判方面的惰性，相信科技创新在解决气候危机、开启变革方面的能力。这是一个陷阱，赌的是科技的未来自由度，即科技能够形成经济发展（涉及到维持经济发展及重振经济）和自然资源开采之间的"脱钩"。因此要考虑到适应后化石时代的变革的科技创新需求，及时避免这个陷阱。

第七步：摆脱技性科学的幻想。

对于技性科学发展的极端信任表现在希望将气候规律的关键交给将事情搞得一发不可收拾的人。他们希望进行实践，但是这些实践跟地球工程学的实践一样愚蠢。技性科学在根本上违背了审慎性原则，根本没有根据气候异常的根源来行动。因此，技性科学让我们相信它能够使人类免尝自身行为的恶果，但是实际上带着我们避开了重点。是时候刨除这些依赖技性科学的项目了。

第八步："停止一切，好好反思"？

除了否认气候变暖的结果，或者接受地球生存环境的逐步破坏的现实，人类的理智要求停止进行中的开采狂热，大大减少全球化石能源消费。但是挑战也是巨大的。那么变革从哪里开始呢？是时候停止一切，进行思考，认真看待气候异常和地球的限制，才能沿着可能的道路前行。

第九步：关注我们的能源未来。

气候稳定和过量化石能源的管理不应该托付给金融界、专家政治和政治界等寡头势力。我们应该共同关注我们的能源未来。我们应该让能源和服务进入公共财富领域①。关键在于让绝大多数人通过多种形式参与进来。从亚苏尼国家公园到"堵路运动"，公众使用一部分实用的知识，来重获对能源未来的控制权，保证气候稳定。是时候发展、创造所缺的"工具"了。

第十步：为了改变一切而试验。

走出化石时代既需要打乱我们的生活模式、社会构成和思维方式，也需要付诸实践。"一切"指的是帮助我们的经济

---

① 最近出版了一份关于公共财产更新的翔实文献：大卫·博利埃，《共产的复兴：一个合作和分享的社会》，巴黎，查里·列奥波尔德·马耶出版社，2014；皮埃尔·达尔多，克里斯蒂安·拉瓦尔，《共产，21世纪革命的试验》，巴黎，《发现》，2014；邦雅曼·科里亚，《共产的回归，产权意识的危机》，巴黎，自由链接出版社，2015；米歇尔·博旺《拯救世界：用点对点的方式走向后资本主义社会》，巴黎，自由链接出版社，2015。

和社会"戒毒",使之摆脱对化石能源的依赖。我们需要的社会、文化、经济和民主层面的深度改革可以通过社会试验与创新来实现,而试验与创新则通过多样而具体的实地践行的替代方式而实现:如降低能源比重,实行变革中的城市和土地、"慢城"、"替换运动"、有关良好生活的倡议等。是时候开始行动了。

"如果我们不做不可能的事情,那么我们将不得不面对一些无法想象的事情!"

——默里·布克金《自由的生态学》(1982年)

1

解锁变革

我们的能源系统正处于危机之中。这场危机如此深刻，甚至以地球上人类的永恒为赌注。这场危机如此深刻，以至于强大的保守势力控制了我们经济和社会的组织原则。无论他们对公众说了什么，他们都希望什么都不要变。贸易和资本自由化政策将国家权力逐渐移交给市场和跨国公司，以至于"全球市场的非个人力量……从此以后比国家的力量更加强大，尽管我们往往认为国家拥有社会和经济中的最高政治权力[①]。"

生产全球化和金融市场的互联互通使得国家、集体和个人受到经济活动者和国际市场的支配，被它们所做的决定和处罚所控制。这种经济和政治体制增强了化石能源跨国公司的实力，并给予它们豁免权利，从而促进它们的发展。因此，化石能源跨国公司通过极少的投入就能获得化石能源带来的惊人收益。要打开这些枷锁，才能看到变革的可能性。

---

① 苏珊·斯特兰奇，《国家的撤退：权力在全球经济中的消失》，巴黎，《当今时代》，2011。

驱逐真正的气候变化怀疑论者

"疯狂就是坚持做同一件事还期待有不同的结果。"

——阿尔伯特·爱因斯坦

否认气候变暖或者其人为原因的政治、经济和媒体势力已经失去了地盘。他们几乎在欧洲失去了踪迹,而且在美国也难以为继。飓风、洪灾、干旱和火灾在美国接连不断地发生,似乎逐渐产生作用。2013年4月,58%的美国人称对气候变暖感到忧虑,比2011年增加7个百分点(但是比2000年减少了14个百分点)[①]。这是一个显著的进步,但是否认气

---

① 斯特凡娜·富卡尔,科琳娜·莱纳,《气候变化怀疑论者永远处于陷阱之中》,《世界报》,2013-09-27。www.lemonde. fr/planete/article/2013/09/27/les-climato-sceptiques-toujours-en- embuscade_3485921_3244.html。

候变暖的势力仍未消失，因为70%的参议员和53%的共和党众议员都属于气候变化怀疑论者[1]。而在法国，超过五分之四的人认为气候变化"很大程度上归咎于人类活动[2]"。

哥本哈根气候大会之后，气候变化怀疑论的谎言没有明显地被边缘化，然而尽管气候变化怀疑论者费尽力气[3]，气候问题的紧迫性还是影响了各个政治问题的重要性。气候学家和学者站在斗争前线，与一些民间组织一样，不顾艰难险阻，坚持着他们的研究和动员工作。2013~2014年间发布的政府间气候变化专门委员会第五次报告似乎坚持将那些否认气候变暖或者人类责任的论点边缘化。

在欧洲，大部分人不再公开质疑有关气候变化的证据，

---

[1] 根据美国发展中心的信息：www.americanprogressaction.org/issues/green/news/2015/01/22/104714/anti-science-climate-denier-caucus-114th-congress.

[2] 皮埃尔·勒伊尔,《气候变化：十分之九的法国人认为存在解决方法》,《世界报》, 2015-02-10。www.lemonde.fr/planete/article/2015/02/10/changement-climatique-des-solutions-existent-pour-9-francais-sur-10_4573750_3244.html.

[3] 2009年11月，即哥本哈根气候大会召开几周前，气候变化怀疑论者发表了英国东英格利亚大学气候研究所负责人与其通信者的一系列电子邮件和文件，试图质疑气候学家及其研究成果的可靠性。

也不再表现他们的反对想法，除了伪君子克洛德·阿莱格尔[①]和难以言喻的雅克·阿塔利。指责声主要来自于碳氢燃料生产国和地区，而政府间气候变化专门委员会的运行模式则要求这些指责声与反对者提出的论据及结果相一致。"对抗气候混乱并不是首要任务"，公开肯定这一点变得更加困难了。

我们在所有讲话中都注意到了快速"适应气候"这一表达。一些直到现在才打破沉默的人，或者之前鲜少谈及这个主题的人在今天都想要"拯救气候"。他们断言，气候变暖是21世纪的重大挑战之一，对抗气候混乱是"重中之重"。这得益于众多经济和政治决策者的努力。

气候怀疑论者不再是我们想象的那样

气候的"三八线"似乎产生了变化，不再区分否认气候现实的人和承认它的人。如果这条"三八线"在某些情况下仍然合理，尤其在美国，那么我们认为它真的不再适合来表现一些矛盾。这些矛盾围绕气候问题的紧迫性形成了政治、经济及科学层面的辩论。

本书的论点之一认为，这条"三八线"开始区分两类人，一类人高喊出停止使用大部分化石燃料的科学倡议，另一类

[①] 斯特凡娜·富卡尔，《气候民粹主义：克罗德·阿莱格尔和西耶，调查科学的敌人》，巴黎，德诺埃尔出版社，2010。

人否认这一事实，或者持逃避的态度。

第二类人毫不犹豫地称他们相信"已经到了行动的紧急时刻"，但却拒绝考虑由气候专家们明确提出、支持并论证的劝告与建议。他们不否认气候变暖，至少不公开否认。但是他们否认停止使用大部分化石燃料的紧迫性。目前，对气候有害[①]的决定战胜了真正对抗气候异常的政策，而他们在话筒前宣扬的行动决心在这个事实面前一击而溃。

政客们真诚地立誓，保证为气候而努力，但是他们在现实生活中却提出了加剧气候危机的政策。跨国公司"漂绿"自己，希望维持"一切照常"的模式，把他们传统的经济活动抹上绿色，以此获得蓬勃发展。一些国际组织企图将气候变成世界经济的副产品，不会为了保护气候而放弃大部分化石能源，放弃经济发展。最终有些经济学家引入了"碳价格"概念，对每吨碳排放设定一个单一的价格，为的就是不触及世界经济的根基。

我们认为他们比否认气候变暖的人更加危险。之所以说他们更加危险，是因为他们在各自领域占据了统治性地位，

[①] 我们使用"对气候有害"这个表达来描述明知故犯的增强全球气候变暖的任意的行为。其他形容词都不能比这个表达更好地概括其中含义，通常也可以用其他代用语来表达这个含义："知道原因的情况下加剧气候异常。"

但是拒绝承认现实。这个现实是解决气候问题的重中之重：为了有效对抗气候异常，我们应该走出化石时代。他们倾向于漠视现实，因此会削弱有待进行的经济、社会和政治变革的紧迫性，减小变革规模。他们让人觉得与气候异常的斗争并没有那么复杂，他们还改变了舆论风向和好的意愿，改变了变革的根基。

最初，否认气候变暖的人被称为气候变化怀疑论者；之后，否认气候变暖的人为因素的人也被称为气候变化怀疑论者。此后，我们把否认走出化石时代的必要性的人也称为气候变化怀疑论者。举几个新型气候变化怀疑论者的例子。

弗朗索瓦·奥朗德，最后时刻改变意见，但早已叛变了！

弗朗索瓦·奥朗德前不久还毫不在乎，但是与气候专家进行了几次交谈之后却坚信人类的命运与气候变暖息息相关。2014年秋季起，媒体围绕奥朗德态度的转变展开了一场激烈的运动。11月21日《世界报》的头条是："气候：弗朗索瓦·奥朗德的新阵线"，法新社称法国总统将用"虔诚的转变"来准备2015年12月的联合国气候变化大会。

表演开始了，奥朗德保证，这不是一颗来自于同样的地点、背景、圈子的什么都没有决定的气候峰会的"流星"，至少达到了"碳中立"①的目标。他的说法有些夸张了。在2014年9月联合国秘书长潘基文组织的纽约气候峰会上,奥朗德说:"希望我们能够再次令世界欣喜,给予全世界的年轻人一个希望,他们相信自己能比我们生活得更好。"奥朗德的顾问们也称:弗朗索瓦·奥朗德将会走上前线,力求于2015年底在巴黎达成一项"历史性的协定",让自己"名垂青史"。

历史很好,能够弥补国家不得人心的缺憾。2015年2月,爱丽舍宫动员玛丽昂·歌迪亚在马尼拉和菲律宾进行了一场新的呼吁演说。照片上一个国际巨星站在被台风蹂躏的国家的土地上,这些照片极具震撼力,比话语更有分量。毕竟呼吁的内容已经被反复说了千百遍,说完便被遗忘,激不起多大的波澜。在马尼拉的另一场动员演说却受到了热烈欢迎②!在马尼拉、法兰西堡及科托努,弗朗索瓦·奥朗德做了许多动员演讲和呼吁。事实证明,他更在意塑造自己的总统形象,而不是宣布恰当的措施。

奥朗德的转变表演开始的前几天,他前往加拿大艾伯塔,

---

① 弗朗索瓦·奥朗德,《法国主席在气候峰会上的演讲》,纽约,2014-09。www.elysee.fr/declarations/article/discours-du-president-de-la-republiqu'e-lors-du- sommet-sur-le-climat.

② 马克西姆·孔布,尼古拉斯·埃尔林格,《马尼拉的另一声号召》,梅迪亚帕特博客,2015-02-26。http://blogs.mediapart.fr/edition/climatiques/article/260215/lautre-appel-de-manille.

庆祝法国企业——尤其是道达尔企业——在油砂油领域的投资活动（油砂油是世界上的高污染能源之一）。他甚至鼓励这些企业继续"实现巨额财富在加拿大西北地区的增值，不管在碳氢化合物的开采、加工和运输技术方面，还是在基础设施建设方面[①]"。奥朗德也借艾伯塔之旅庆贺欧盟和加拿大新近签署的贸易和投资自由化协定（综合性经济贸易协议CETA于2009年就开始了谈判之路），该协定将方便加拿大对欧洲大陆的油砂油出口。那么我们在嘲笑的到底是什么呢？

力保企业利益

当然也存在更好的选择。2014年11月2日，弗朗索瓦·奥朗德访问加拿大，而政府间气候变化专门委员会也选择在这天发表其第五次报告的综述，确认气候现状的严重性及各国在加剧气候混乱中的巨大责任。爱丽舍宫的每一个人，包括奥朗德本人，都无法忽视这个日子。此次加拿大之行并不是奥朗德行程中的一个意外插曲，而是代表全球事务方向的一个强烈信号：不可能强迫私人投资服从于气候的局限和气候学家当天发表的告诫之语。

---

① 纳塔莉·塞格纳，《奥朗德，在加拿大更支持商业，而非环保》，《每日舆论报》，2014-11-03。www.lopinion.fr/3-novembre-2014/ hollande-plus-pro-business-qu-ecologiste-canada-18036.

总统的转变表演和他的加拿大演说之间存在的矛盾是不容置疑的。这是否体现了奥朗德和法国政府的心口不一？毫无疑问：他如此从容地说着自己"行动坚定"，却什么都没做，说着当选总统后将杜绝法国页岩气的勘探和开采，却同时支持法国企业在国外开采化石能源，牟取利益。

上述所说还不是全面。奥朗德通过艾伯塔演讲缓解私人资本领域对气候变化谈判的紧张情绪。他还给私人资本提供定心丸，让它们继续在污染性能源领域进行投资。欧盟分别与加拿大和美国签订的新的贸易和投资自由化协定将会方便相关领域的投资。因此，尽管气候现状并不允许，私人资本仍能继续存在。由此看来，似乎跨国公司能够继续投资化石能源领域，满足我们经济和社会系统对化石能源的渴求，似乎人类与气候异常的斗争并不紧迫。

让重污染企业承担环保重任

本书的目的不在于讨论法国总统个人态度转变的真实性。他的加拿大之行揭示了经济金融全球化的现实和气候政策及谈判之间的不断扩大的差距。前者促使化石能源的无度开采，后者避开了有关世界贸易和对外投资的规则的所有讨论。

这种差距并非偶然，有着强大而深刻的制度基础。政府、私企和意见领袖巧妙地维持着这种差距。而且所有针对神圣的经济发展及构成和调整世界经济的原理的质疑，也难以说服他们。因此不可能限制新的碳氢化合物的研究和开采。"行动坚定",只是在保证跨国公司的利益和维持国家实力的前提之下。他们似乎相信,我们有可能在不影响世界经济基础的情况下解决气候危机。

弗朗索瓦·奥朗德和法国政府作出表态,重污染企业将负责第21届联合国气候变化大会的一部分费用,如Engie集团(前法国燃气苏伊士集团)和法国电力集团等能源公司、汽车制造公司雷诺日产联盟、飞机制造商法国航空、世界上污染最严重的银行——法国巴黎银行[①]、支持页岩气的法国游说集团的马甲——苏伊士环境集团、轮胎生产商米其林集团和威立雅旗下的法兰西岛水公会等。

国家的"精神分裂症"

正如我们不会把遵守交通规则的希望寄托在"马路杀手"身上,今天我们不再希望烟草巨头赞助国际会议。然而弗朗索瓦·奥朗德和法国政府决定让造成气候异常并从中谋利的企业负担一大部分第21届气候大会的费用。这个决定不具强

---

① 奥利维耶·珀蒂让,《法国巴黎银行,世界上污染最严重的银行》,《巴斯塔!》,2013-10-29。www.bastamag.net/BNP-Paribas-la-banque-d-un-monde。

制性，大会的预算限制也是如此[1]。由私人跨国公司负担20%的会议费用，这一决定是一个政治选择，能让人们相信这些重污染企业为对抗气候异常而进行的创新是合理的。

法国政府的代表辩解道，问题不在于知道多少污染型企业赞助了第21届气候变化大会，而是知道其中多少企业将在会后减少碳排放。换句话说，弗朗索瓦·奥朗德及其政府为几家企业在一个平台上提供了一次"洗绿"行动，期待着他们能主动减少碳排放，但也不要求他们做出任何坚定的承诺。法国持有法国电力集团的大部分股份，也是Engie集团极为重要的股东，因此它本可以要求这两家跨国公司从所有参与的煤炭发电厂项目中撤离，但却没有这么做。事实上法国电力集团在全球二氧化碳高排放企业中排行十九[2]，而Engie的煤炭发电厂排放的二氧化碳比一个国家排放的还多，

---

[1] 马克西姆·孔布，《奥朗德污染了第21届联合国气候变化大会和协商的氛围》，梅迪亚帕特博客，2015-05-28。http://blogs.mediapart.fr/ blog/maxime-combes/280515/hollande-pollue-la-cop21-et-le-climat-des-negociations.

[2]《国家的精神分裂症：法国电力公司真正的年度资产负债表》，2105-07，跨国公司观察组织。http://multinationales.org/ Schizophrenie-d-Etat-le-veritable-bilan-annuel-d-EDF.

比如菲律宾①。

因此政府决定让企业赞助"史上最重要的气候变暖会议"，同时政府也支持企业建立新的煤炭发电厂：这不是真的。这个荒谬的决定揭示了政府在气候问题上的愚蠢。政府本来就没有作出几个承诺，况且还不履行：联合国气候峰会召开六个月前，弗朗索瓦·奥朗德及其政府打算延期取消出口援助（法国企业接受出口援助，以便把煤炭发电厂卖到国外②）。2014年底，弗朗索瓦·奥朗德大肆宣布（定点和分块）取消援助。在当权者眼中，在全球化竞争的背景下保护阿尔斯通公司比停止建设新的发电厂更加重要。然而新的发电厂将阻碍人类尽快走出化石时代。

弗朗索瓦·奥朗德呼吁全民动员保护环境，但是他拒绝取消对化石能源的公共支持，也不强制法国工业进行生产体系的深度转变。对国际市场和竞争力研究的暂时需求占据了上风。本书的目的不在于对奥朗德和法国政府的一系列气候变化怀疑式决定做出详尽整理。它们任凭建设项目破坏法国

---

① 地球之友，乐施会，《国家的排放：法国电力公司和Engie公司的煤炭发电厂如何加热地球》，2015-05。www.amisdelaterre.org/Emissions-d-Etat-stop-a-l.html.

② 雅德·林加德，《政府放弃取消对煤炭发电厂的援助》，梅地亚帕特，2015-06-26。www.mediapart.fr/journal/ economie/260615/le-gouvernement-renonce-supprimer-les-aides-aux- centrales- charbon.

各地的新湿地（泰斯堆、尚巴朗、里昂——都灵一线……），拒绝彻底取消诺特尔达梅 - 代朗代[①]的新机场建设项目，这对于维持气候的稳定和规律性是相当不利的。法国颁布境内碳氢燃料勘探许可证并延长其有效期，完善高速公路网络，搁置铁路运输的发展，我们也可以从中发现法国的"精神分裂症"。总之，法国建设了很多本不应该出现的有关碳能源的庞大基础设施。

弗朗索瓦·奥朗德只是众多拥有同样想法的国家元首之一：他们在演讲中说已经时刻准备好了，但是当需要将承诺付诸具体行动时，他们又退缩了。在这些政客心里，他们根本不可能采取一些从本质上质疑能源类跨国公司的行动核心的措施。2014年2月，贝拉克·奥巴马和弗朗索瓦·奥朗德在一个联合论坛上表示美法两国将发挥"气候治理领导力"，

---

① 例如，参考法语总理曼努埃尔·瓦尔斯的演讲《我们应该建设诺特尔达梅 - 代朗代》，《法国西部报》，2014-12-17. www.ouest-france.fr/manuel-valls-il-faudra- construire-notre-dame-des-landes-3061044；卡罗琳·皮盖，《诺特尔达梅 - 代朗代：瓦尔斯宣布重启工程》，《费加罗报》，2015-07-17. www.lefigaro.fr/actualite-france/2015/07/17/01016-20150717ARTFIG00138-notre-dame-des-landes-la-justice-valide-les-arretes-autorisant-le-debut-des-travaux.php.

尽管大家都知道美国通常厌恶有关气候的强制性承诺[①]。但是仅仅一年多后，2015年5月11日，奥巴马不顾气候活动家的意见，准许壳牌石油公司在北冰洋重启勘探工作，最远可至阿拉斯加地区。众多国家元首、政府首脑、国会议员和地方议员都持同样观点，这是非常不幸的。

跨国公司危害气候，且明知故犯

弗朗索瓦·奥朗德行程的意外插曲并不是他的本意。2014年3月31日，政府间气候变化专门委员会发表了第五次报告的第二部分，题为《2014年气候变化：后果、适应和脆弱性[②]》。艾克森美孚公司是世界上最大的私人石油企业，也

---

① 《奥朗德和奥巴马：两国的联盟已经转变》，《世界报》，2014-02-10。www.lemonde.fr/international/ article/2014/02/10/une-alliance-transformee-par-barack-obama-et-francois- hollande_4363116_3210.html.

② https://www.ipcc.ch/pdf/assessment-report/ar5/wg2/ar5_wgII_spm_fr.pdf.

是支持那些否认气候变暖及其人为特性①的论点的公司之一。该公司选在同一天宣布了它的业务与气候变暖之间的联系。迫于股东的压力,艾克森美孚不得不解释何为碳风险,了解一项有效对抗气候变暖的政策对该公司现在和未来的收益的影响。

回答令人震惊。在艾克森美孚发表的报告中,该公司认为2040年前政府采取措施减少化石能源消费的"可能性非常小",而且相信它还可以继续开采并利用自己的化石能源储备②。这一回答意味着在气候问题的紧迫性加剧、让大部分化石能源留在地下的必要性凸显的情况下,艾克森美孚等能源公司及其所代表的化石能源行业仍能继续发展。这家美国公

---

① 艾克森美孚明确知道其活动从1981年以来对气候的影响,然而还是在27年间持续资助危害气候的势力。苏珊娜·戈登伯格,《从电子邮件可知,艾克森美孚于1981年就知道了气候变化,但是该公司资助否认气候变化势力长达27年》,《卫报》,2015-07-08。www.theguardian.com/environment/2015/jul/08/exxon-climate-change-1981-climate-denier-funding。忧思科学家联盟的报告,《气候欺骗档案:国内化石燃料工业备忘录:公司十多年的虚假信息》,2015-07。www.ucsusa.org/sites/default/files/attach/2015/07/The-Climate-Deception-Dossiers.pdf。

② 艾克森美孚,《艾克森美孚向股东发布应对气候风险的报告》,2014。http://corporate.exxonmobil.com/en/environment/climate-change/managing-climate-change-risks/carbon-asset-risk。

司的回答也体现了一种鲜明的实用主义精神，利用了政府在这个领域的推诿闪躲：没有一个国家会主张停止勘探和开采化石能源，我们并不是唯一一家认清这个现实的公司。

截至2040年，这家跨国公司的石油需求的年均增长率为0.7%。而且碳消费也会增长，至少在2025年前是这样的。艾克森美孚得出结论："我们认为继续生产化石能源对应对世界能源需求的增长是非常必要的。"在这份报告中，该公司也没有质疑气候变暖或其人为特性。它甚至还打算减少自己的温室气体排放量（原文是这么说的）。艾克森美孚只是否认它应该冻结自己的能源储量："艾克森美孚公司所有的能源储备都会有用的……我们认为我们所有的碳氢能源储备没有丧失价值，未来也不会。"

因此尽管艾克森美孚公司知道一切，但它还是准备燃烧地球，继续自己的气候犯罪行为。最理想的状态是，艾克森美孚通过为人类共同未来的祈祷，不需要赔上大部分人的未来就能维持自己利益的永恒性。差不多意味着，艾克森美孚和其他能源类跨国公司继续着投资，用几十亿美元赌现有的和未来的气候政策的失败。似乎没有国家想阻止他们发大财。化石能源领域拥有改变地球物理性质的能力，而且正在使用这个能力。

能源类跨国集团并不孤立。事实上它们与化石能源生产国和出口国的政府形成了联盟，从俄罗斯、委内瑞拉、加拿大、美国，到沙特阿拉伯，还包括地区性政府，因为化石能源的开采能够为经济发展提供动力。他们的目的是什么？让走出化石时代变得更加复杂，保证能源储备的增值和开采。化石能源是真正的气候炸弹：两百家私企和国企是化石能源领域最重要的活动者，他们手中的能源储备一旦消耗，将产生555吨的二氧化碳，占了现在到2050年间碳预算的大头[1]。今后这些能源储备将在国际市场上升值，所以能源公司更不会让能源留在地下。气候炸弹的导火索已经被点燃了。

进击的跨国公司

烟草会造成某些疾病，因此烟草类公司被视为危险之物，甚至遭到强烈谴责。化石能源领域的跨国公司也了解这些公司的处境。它们不可能进行防守，因为气候问题紧迫性越发严重，让碳氢化合物能源留在地下的倡议也获得了气候学家的支持。能源类跨国公司本应该承认他们在气候变暖问题上的主要责任，表达歉意，并承诺愿为走出化石时代而竭尽全力。但它们倾向于进击。那么它们的武器是什么？是灌输疑

---

[1]《2015年未开采的碳》，无化石燃料指数，http://fossil-freeindexes.com/research/the-carbon-underground.

问[1]和展现肌肉。

至少在美国和加拿大之外,人们不能再忍受对气候变暖及其人为特性的怀疑。但是能源类跨国公司却慢慢灌输这种怀疑,并引发相关争论。它们不仅不承认自己在气候问题上的责任,还企图为自己开脱!它们怎么做的?它们表现得像是20世纪经济和社会发展的起源,大致内容是,没有化石能源,现在还处于蜡烛时代。它们不想着走出化石时代,反而怀疑能源变革政策无法满足全球不断增长的能源需求。它们没有投入大笔资金促进可再生能源的发展,反而公开怀疑可再生能源无法接棒化石能源。对于这些公司而言,最紧急的不是气候危机,而是在决策者和群众心中埋下对于走出化石时代的可能性的疑虑。而且这些公司认为维护气候稳定的必要条件并不重要:化石能源类跨国公司希望展示自己的重要性,维护其关键地位。

它们也成功了!气候变化国际谈判的负责人无意边缘化能源类跨国公司,尽管它们正面临着气候炸弹的威胁。2014年,联合国气候变化框架公约秘书长克里斯蒂安娜·菲格雷斯重提冻结大部分碳氢能源对恪守2℃警戒线的必要性。菲格雷斯称化石能源工业满足于实验和边缘性改变的时代已经

---

[1] 娜奥米·奥雷斯克斯,埃里克·M.康韦,《怀疑的商人》,巴黎,波米耶,2010。

结束①。然而不出一年，考虑到能源公司的"技术力量"和"难以置信"的能力，她又认为不应该继续"妖魔化"化石能源公司②。这些跨国公司不愿意将化石能源留在地下，可是这又有什么关系？

化石能源的"别无选择"

从这个角度看，艾克森美孚 2014 年 12 月新发布的报告正是一个范例③。能源类跨国公司的策略体现的逻辑非常简单。全球人口和中产阶级人数的增加将会显著提高粮食、交通、住房、教育、健康等方面的需求。大量的财富和服务都"依靠着能源"。对艾克森美孚而言，可再生能源价格高，无法提供持久的供给，也往往无法满足人类的需求。化石能源是唯一可以支撑人类需求增长的能源，因此化石能源的生产量必将增长。

这就是化石能源在现代的"别无选择"。玛格丽特·撒切

---

① 联合国气候变化秘书处，《通讯稿》，http://unfccc.int/files/press/press_releases_advisories/application/pdf/pr20140304_ipieca.pdf.

② 应对气候变化组织，《联合国气候司司长说，停止妖魔化石油和天然气公司》，2015-06，www.rtcc.org/2015/05/26/stop-demonising-oil-and-gas-companies-says-un-climatechief/#sthash.y1sFTFVk.dpuf.

③ 艾克森美孚，《2040 年能源展望报告》，2014-12，http://corporate.exxonmobil.com/en/energy/energy-outlook.

尔在经济领域使用该说法,"别无选择"由此变得有名。地球燃烧着,生态系统被摧毁,人类的延续无法得到保证,但是对于能源公司而言,除了增加化石能源的生产和消费别无他法。丰富的化石能源能够满足无限制的需求的增长。因此我们还要感谢这些公司。事实上,如果我们相信艾克森美孚的老板雷克斯·蒂勒森说的话:挖掘更多包括煤炭在内[①]的化石能源,为13亿无电人口提供光明,这是一个"人道主义的"决定[②]。能源类跨国公司还希望我们为他们的"人道主义行为"鼓掌:他们不停地挖掘、开采化石能源,是为了改变最贫困人口和子孙后代的生活条件。然而要记住,跨国公司生产的80%的能源用于世界上20%的人的消费,这说明了以上论据毫无根据。

并不是只有艾克森美孚才把新型"别无选择"当作旗帜。道达尔公司认为,没有化石能源就没有未来:道达尔公司新任总裁帕特里克·普亚纳不断重申,化石能源没有代替品,就中期而言,"世界能源组合中化石能源将一直保持60%

---

① 艾克森美孚相信,煤炭仍然是2040年前主要的产电能源。
② 美国外交关系协会,《与雷克斯·蒂勒森的对话》,2012-06-27。www.cfr.org/world/ceo-speaker-series-conversation-rex-w-tillerson/p35286.

到 70% 的比例，即煤炭、石油和天然气①"。道达尔公司自诩为石油行业中的环保先锋，但是对可再生能源的投资只占了 1000 亿总资产 3%②。壳牌公司的总裁也拥有同样的想法：他不认为我们能够减少世界能源组合中石油和天然气的比例③。英国石油公司预测，2035 年之前，化石能源将继续在世界能源组合中占 80% 的比重，而且世界能源总量将在这期间增加 37%④。但以上公司的预测与政府间气候变化专门委员会的相距甚远，该委员会估计，截止到 2050 年，可再生能源将会在世界能源组合中占近 80% 的比例⑤。

---

① 《帕特里克·普亚纳认为应该管理稀缺资源——气候》，《新工厂》，2015-05-12。www.usinenouvelle.com/article/pour-patrick-pouyanne-il-faut-gerer-le-climat-une-ressource-rare.

② 《帕特里克·普亚纳认为应该管理稀缺资源——气候》，《新工厂》，2015-05-12。www.usinenouvelle.com/article/pour-patrick-pouyanne-il-faut-gerer-le-climat-une-ressource-rare.

③ 亚历克斯·帕什利，《让炭留在地下，而非石油和天然气——壳牌首席财务官》，《应对气候变化》，2015-06-03。www.rtcc.org/2015/06/03/leave-coal-in-the-ground-not-oil-and-gas-shell-cfo.

④ 《2035 年英国石油公司能源展望》，2015-02。www.bp.com/en/global/corporate/about-bp/energy-economics/energy-outlook.html.

⑤ 联合国政府间气候变化专门委员会，《联合国政府间气候变化专门委员会的特别报告：可再生能源和气候变化减缓》，2012。http://srren.ipcc-wg3.de/report/IPCC_SRREN_Full_Report.pdf.

能源类跨国公司拒绝畅想摆脱化石能源的未来，他们在巴黎气候大会之前组织的一场能源会议上说："碳氢化合物是能源变革的利益相关者。"[1]他们的论点也受到了众多现有秩序的拥趸的支持。这些拥趸是专家、专栏作家、记者，他们希望通过自己的细致分析来引导公众观点。比如雅克·阿塔利，"自愿放弃80%的已知煤炭储量，一半的天然气和三分之一的石油……这完全是一个幻想，这些数字通过权威推论或二氧化碳的定价得出，但我们不应该幻想可以达到这个目标！"为什么？因为"没有人能眼看着脚下埋一大堆能源财富而不去使用"。雅克·阿塔利认为"就像美国的例子一样"[2]"页岩气是一个宏大的远景"。跨国公司有一群化石能源方面的律师，能作为御用顾问发挥作用，因此这些公司尽可以高枕无忧：政府办公室不会收到提倡冻结化石能源的官方报告，取消对化石领域的投资，大幅减少化石能源的生产和消费。

为了保证其不可回避的地位，并将化石能源替代物非法化，化石能源公司和"化石能源别无选择"论点的捍卫者轮

---

[1] 碳氢化合物公司和从业者组织，《碳氢化合物：能源变革的利益相关者》，2015-10-21 / 22，巴黎 www.gep-aftp.com/boutique/bjadp.php.

[2] 雅克·阿塔利，《第21届联合国气候变化大会还有什么用？》。

流对阿尔伯特·希斯曼在"反动的修辞[①]"的研究中提出的三种论据进行宣传。当他们提倡"化石能源的人道主义"的一种形式时,他们强调,将可再生能源视为我们未来的能源关键,这一提议毫无用处,可再生能源不能解决绝大部分人的能源缺乏问题,也不能满足人类最基本的需求,但他们忽略了一件事,即化石能源也同样做不到。这是一种危险的做法。第二种反动的论据在于解释为什么提出的解决方法会危害前面的系统的利益:化石能源公司不可能质疑建立在化石能源之上的能源体系带来的利益。最后,一些考虑到的行为的确会带来灾难性的后果。一些化石能源的拥趸指出了可再生能源的间断性(被认为过于依赖自然循环),以及其无法确保能源体系稳定的现实,这是他们提出的有关可再生能源的事与愿违的论据。阿尔伯特·希斯曼强调:"往往是不值一提的小事来促使我们参考这些事与愿违的情况[②]。"论据不对也没什么关系,反正重点在于人们讨论了这个论据,而且跨国公司提出的论点在公共领域无法避免。

[①] 阿尔伯特·赫希曼,《两个世纪的反动修辞》,巴黎,法亚尔出版社,1991。

[②] 菲利普·博韦,《绿色能源,就是敌人》《世界报外交》,2014-01。

对化石能源无限制的投资

2011年，国际能源署表示，2010年到2035年间，仅发电厂、工厂、建筑和已有的汽车将占规定的总排放量80%[1]。在经济寿命结束之前遗弃这些基础设施是不可能的，国际能源署鼓励2017年后只使用"零碳"的基础设施。史蒂文·戴维斯和罗伯特·斯卡罗最新的一项研究确认了这个期限[2]。这些研究着眼于已经实施的及进行中的投资中包含的未来排放量：目前的工业投资将带来的排放量肯定超过了气候限制，未来的气候环境岌岌可危。

如果五美元中有一美元投资到可再生能源领域，其他四美元都不投到化石能源领域，那么未来有可能彻底改变。布鲁克林学院的罗伯特·贝尔称这个理论为"希望/毁灭的比例"："因此如果每一个美元投入到拥有一个不受气候和经济灾难侵扰的世界的希望中，就有四美元依据'我死之后，管它洪水滔天'理论[3]被投资。"

---

[1] 国际能源署,《2011年世界能源展望》,www.worldenergyoutlook. org/ media/weowebsite/2011/es_french.pdf.

[2] 史蒂芬·戴维斯，罗伯特·索科洛,《二氧化碳排放的核算承诺书》.

[3] 罗伯特·贝尔,《希望/毁灭的比例为模型》,《世界报》,2015-02。www.lemonde.fr/idees/article/2015/02/24/le-ratio- espoir-deluge-pour-modele_4582293_3232.html.

因此，2013年全球可再生能源的投资连续第二年减少，降至2540亿美元，2014年再次上升。而化石能源投资持续增加，将近10000亿美元（2004年仅为2500亿美元）。国际组织和发展银行也是如此：世界银行2012年至2014年间在化石能源领域的投资增加了32%，在可再生能源领域的投资维持稳定[1]。世界经济大量投资于"毁灭"，而且投资额越来越高。慢慢地，气候混乱不再是一种偶然，而成为了一种蓄意事件，代价巨大。

一份名为《能源补助的范围有多大？》[2]的报告指出，国际货币基金组织预计，化石能源开采公司每年获得的直接或间接的补助高达53000亿美元，即每天获得145亿美元，甚至每分钟1000万美元，太可怕了！2012年，仅化石能源生产和消费方面的直接补助就达到了7750亿美元，而2013年可再生能源领域才得到了近一千亿美元的补助[3]。化石能源行

---

[1] 国际石油变革组织，《仍在投资化石能源：世界银行集团能源金融财政年度报告》，2015-04。http://priceofoil.org/content/uploads/2015/04/world-bank-april-2015-FINAL.pdf。

[2] 国际货币基金组织，《全球能源补贴有多少？》，2015-05-18。www.imf.org/external/pubs/cat/longres.aspx?sk=42940.0。

[3] 《化石能源：广受批评的20国集团成员国的补贴数额》，《世界报》，2014-11-11。www.lemonde.fr/planete/article/2014/11/11/energies-fossiles-le-montant-des-subventions-des-pays-du-g20-critique_4521521_3244.html。

业并不想走出化石时代,这并不令人惊讶,因为政府正竭力支撑这个行业。气候异常不是一个偶然,我们正用资金大力促进异常的加剧。

艾克森美孚公司和其他小公司认为化石能源没有替代物,银行和金融业的本质需要化石能源。法国巴黎银行的副总经理菲利普·博尔德纳夫在接受一个关于银行在化石能源领域的投资的采访时称:"人们还需要取暖[①]!"该银行的社会和环境责任部部长洛朗斯·佩塞大致解释道:"我们不可能像环境类非政府组织期望的那样,全盘否决一个国家的经济。"[②]银行打着"化石能源的人道主义"的旗号,拒绝改变他们赖以生存的经济体系。相对于对抗气候异常,他们对高污染领域的投资更感兴趣。

银行监察组织是一个非政府组织。该机构称,商业银行对煤炭的金融支持——污染最大的化石能源——在2005年至

---

① 西蒙·罗杰,《化石能源"去投资化"运动占领欧洲》,《世界报》,2015-05-18。www.lemonde.fr/climat/ article/2015/05/18/la-campagne-de-desinvestissement-des-energies-fossiles- gagne-l- europe_4635346_1652612.html。

② 安娜-卡特琳·于松-特劳雷,《法国银行拒绝投资被非政府组织举报的澳大利亚矿业项目》,《诺维迪克》,www.novethic.fr/lapres-petrole/energies-fossiles/isr-rse/les-banques- francaises-refusent-d-investir-dans-un-projet-minier-australien-denonce- par-les-ong-1432.html。

2013年间增加了360%，同时有关气候变化的报告大量增加，清楚地展示了彻底减少化石能源消费的必要性[1]。全球在煤炭行业投入了3730亿欧元，其中法国银行占了8%，投入超过300亿欧元，而且2005~2013年间增加了218%。其中法国巴黎银行最为突出，占法国对煤炭投入52%。法国农业信贷银行之所以保证不再投资煤炭，是因为该银行意识到不应该"从体系上用化石燃料来对抗可再生能源，也不应该强加一个突然的模式转变[2]"。气候学家要求从煤炭开始，彻底、迅速地减少化石能源的消费。银行通过化石能源领域的大量投资拒绝了这个要求，极大地加剧了气候变暖。

"指导线"将我们引向死胡同

那么，银行属于危害气候的气候变化怀疑论群体吗？如果我们看看他们的宣传词，或许我们会觉得不是：法国巴黎银行确定将"为对抗气候变化而行动"，法国农业信贷银行说"紧随能源变革"，法国兴业银行称"减少碳足迹"。银行和

---

[1] 银行监察组织，地球之友，《法国银行的脏钱》，2014-10，www.amisdelaterre.org/IMG/pdf/argentsalebanquesfr.pdf.

[2] 康塞普西翁·阿尔瓦雷斯，《农业信贷减缓了碳投资》，《诺维迪克》，2015-05-20，www.novethic.fr/isr-et-rse/actualite-de-lisr/isr-rse/dit-agricole-met-un-frein-a-ses-investissements-dans-le-charbon-143311.html.

金融行业向来果断地宣誓自己在社会和生态责任方面的承诺。越来越多的公司确认，将会在未来的公司活动和经济金融决策中考虑到社会和环境问题。这些气候方面的承诺出于自愿原则，往往只限于减少办公室内的温室气体排放量等小目标（在取暖、空调、供电等方面），银行不会考虑减少与投资相关的气体排放。

法国企业社会责任观察组织 ORSE 将大型企业（包括巴黎 CAC40 指数中包含的所有企业）、资产管理公司和专业机构组织在一起。2013 年 2 月，该组织发布了"能源领域金融服务的指导线[1]"。这些指导线极其惊人：企业社会责任观察组织没有正式劝阻任何形式的能源投资活动，也没有阻止对燃煤发电厂的投资。他们的借口是，对使用最先进技术的燃煤发电厂进行投资（原文如此）。指导线也鼓励对石油和天然气的投资，因为它们被视为维持世界经济的不可或缺的材料。指导线还邀请投资者进行一些创举，以避免天然气的过量燃烧和能源领域的贪污腐败。投资化石能源，可以，但是投资行为要完全透明化！

文件没有提供有关风能和光伏的指导建议，似乎这些领

---

[1] 法国企业社会责任观察组织，《能源领域的金融服务指导线》，2013-02。www.orse.org/lignes_directrices_pour_les_servi-ces_financiers_dans_le_secteur_de_l_energie-7-35.html。

域不是未来的关键，不需要大量的紧急的投资。可再生能源仅仅在两种情况下才会被提到，来解释它们的份额"正在提高，但是碳氢化合物不可能完全从世界能源结构中排除出去"。同样老生常谈的是：化石能源带领我们走向气候异常，但我们不能抛弃它！为了维持经济金融现状，为了维护完全不平等、不公正还把我们引向气候死胡同的经济体系，我们将继续在化石能源领域投入巨额资金。

私企也被动员了

不要担心，因为从不关注气候问题的私企现在也被动员了。2015年5月20~21日，商业与气候峰会在巴黎举行，由"主要的企业国际网络"组织，尤其是促进可持续发展世界商业理事会及其法国分支"为了环境的企业"，以"向零碳社会迈进"为目标。施耐德电气公司总裁让-帕斯卡尔·特里克瓦尔说，实施了"野心勃勃的措施"后，"企业促进经济发展，带来机会，在低碳的经济繁荣之路上坚持创新[①]"，这是毫无疑问的。欣喜之情溢于言表，这些公司中有90家在气候危机问题上负有重大责任，可以说，他们是我们迈出糟糕境地的关键。

---

① 《企业与气候峰会总结：走向低碳社会》，2015-05-21。www. businessclimatesummit.com/wp-content/ uploads/2015/05/20150521_ Business-Climate-Summit-Communiqu%C3 %A9-de- presse.pdf.

阿尔伯特·希斯曼遗憾地指出一个新现象，他称之为"协同的空想①"。这些目标是矛盾的，不可能一齐实现，但能够引人思考，尤其是这些年的教训。但重要的是在更加一致的情况下把这个目标视为一种补充。在当今世界上，"更加一致"指的是那些企业向我们保证他们与气候危机有关，而且他们拥有创新的科技手段推进经济去碳化、增加就业、增强世界幸福感及促进全球和平！但是这些跨国公司过去及现在的行为与所做的承诺相距甚远，或许这也不重要，因为未来将会改变。以上承诺足够吸引人，能够引发人们对跨国公司应持角色的怀疑，促进公共领域的垄断化，还能边缘化具有竞争力的假设和主张。

经济去碳化或去化石化

经济和气候峰会的最后宣言承认，"累计排放量（会继续维持）按政府间气候变化专门委员会要求的低于10000亿吨②"。从科学层面看，正如我们之前解释的一样，这个目标符合让大部分化石能源留在地下的必要性。但是不出意外，经济和气候峰会的宣言没有提及这一点，这不是偶然，也不是遗忘，更不是一种暗示。

---

① 阿尔伯特·赫希曼，《两个世纪的反动修辞》
②《企业与气候峰会总结：走向低碳社会》

对跨国公司而言，最重要的是不要踏入这个领域，反而应该只谈论经济去碳化。如果不设置截止日期，还是存在可能性的。这正是 2015 年七国集团在德国埃尔茂城堡举行的峰会后发布的宣言中涉及的行动。七国集团委婉地提到"去碳化"一词，但没有说明实施时间以及明确的日程①。他们不可能承诺走出炭时代，更不用提走出化石能源时代了，峰会的最后宣言没有提到这一点②。

私人游说集团可以公开明确表示在保证经济发展的前提下，"社会去碳化与经济发展可以并存"。然而承认冻结大部分化石能源的必要性将证实现在的能源体系及其所支持的社会经济体系是不可持续的。跨国公司的很多活动及利润紧紧依赖着化石能源的无度开发。

商业和气候峰会的最后宣言中提到"用最小的代价减少全球净排放量"，其实也没有搞错目标。"净"指的是通过减少某方面的排放量来弥补其他方面的排放量的增加，为减排提供了多种范本。"用最小的代价"是因为不给经济活动增加

---

① 《G7峰会领导人宣言：考虑将来，共同行动》，2015-06-7/8，www.g7germany.de/Content/EN/_Anlagen/G7/2015-06-08-g7-abschluss-eng_en.pdf?blob=publicationFile&v=3.

② 马克西姆·孔布，《解密：G7惰性导致新的气候危机！》，梅迪亚帕特博客，2015-06. http://blogs.mediapart.fr/blog/maxime-combes/090615/linertie-du-g7-prepare-de-nouveaux-crimes-climatiques-decryptage.

过多限制。立法者引入代价巨大的规定，对国际贸易和跨国公司是不利的。"用最小的代价"是因为不对经济活动者施加过于严苛的限制。对世界经济和跨国公司而言，立法者引入代价过高的规章制度是不好的。"用最小的代价"是因为能够决定用更小的代价减少排放量。代价最低的选择不是社会、民主、经济、文化甚至气候层面最理想的选择，这又没关系。最重要的是代价不高才更具实现的可能性。

在温室气体排放水平上弱化对抗气候异常的斗争，应该更加集中在经济体系的下游、消费和财富市场，而不是生产的上游、生产过程和生产的定义。能源体系作为生产体系的基础，其地位不容置疑。商业和气候峰会（BCS）的组织者们说："应该发展科技手段、组织手段和金融手段，才能减少温室气体排放量，适应气候变化的结果。"他们认为以上手段只有益处。用一堆错误的商业、技术和技性科学的方式来解决问题，也是成为能源变革的核心人物的新机会。我们应该拂手摆脱所有对于化石能源勘探和开采的幻想。

"将史前物质转变成灾难性的未来"

挪威主权财富基金的生态责任部见习生西格里德和该基金的一名负责人昂里克·拉尔森进行了一场交流。

西格里德突然说："我不会问你很新颖的问题，但是石油开采到底是不是与道德无法兼容？"

昂里克回答:"很明显……"

"我们想要对碳保持中立,但是我们向全世界出售二氧化碳的源头——碳氢化合物。我们是不是像一个毒贩一样,小心翼翼,以防消费了自己所卖的商品?我们保管外来收入,谨慎地隐瞒我们这个产业释放的二氧化碳。但是环境准则难道没有禁止我们投资自己的石油公司吗?"

他回答:"当然禁止了。"

"我们从碳氢燃料价格的提高中获得巨额利益,但是燃料价格升高让数百万的人陷入贫困。"

"你说得很有道理。"

他继续快速说:"简而言之,我们千方百计做着与保护环境相悖的事,难道这不是耍把戏吗?我们为了利益,把史前物质转变成灾难性的未来,把罪恶变成美德。"[1]

---

[1] 达利博·弗柳,《布吕特》,巴黎,瑟约出版社,2011, p. 371-372.

阻止要继续开采的人

禁止化石燃料，划清界限
在我们建造又一根输油管之前
现在就禁止水力压裂，节约用水
为了我们的儿女，构建美好生活
谁会站起来拯救地球？
谁会说地球已经受够了？
谁会承担这个大机器的后果？
谁会站起来拯救地球？
这一切由你我开始

——尼尔·杨 《谁会站起来？》

这个问题的数据相对简单。绝大部分化石能源储备应该在短期及中期之内留在地下。为了发现和开采新矿层而投资数千亿美元，这在科学上是反常的，在道德层面也站不住脚。这就是我们要介入这种行为的原因。这种采矿的狂热占领了整个地球：强大的政治和经济势力挖得更远、更深[1]，企图开采更多的化石能源。

为了避免新的气候犯罪，为了阻止机器继续加热地球，我们应该在开采之前就尽力阻止化石能源的外泄。这是所有人的责任，对抗气候变暖不是一句缺乏行动的口号。这些政治和经济势力试图将化石能源开采的前线拓展到所有非常规能源领域，拒绝为了气候限制和气候学家的建议而调整能源体系，因此我们应该阻止他们。

我们不想阻止继续开采的人，因为开采能源对我们有利——即使我们最好阻止采矿者。我们想阻止他们，我们应该阻止他们，因为这样才有可能维持气候体系的稳定，确保人类在地球上的永久性。工业基础设施不停地给我们的经济和社会系统灌入越来越多的化石能源，由此我们的责任在于阻止工业基础设施的扩张。封锁化石能源勘探和开采的前线是开展真正的能源变革的必要条件之一。这是我们要解开的第一道枷锁。

---

[1] 1949年到2008年间，美国油井的平均深度从1100米增加到1500米，而天然气矿井的平均深度达到了2000米，为战后的两倍。来源：安德鲁·卡勒斯，《海上石油钻塔比以前挖得更深》，《环球邮报》，2012-08-14. www.theglobeandmail.com/report-on-business/industry-news/energy-and-resources/offshore-oil-rigs-drilling-deeper-than-ever/article4481035.

危害环境的方式

跨国公司和能源生产国拥有必要的方式来实现他们危害环境的野心。随着原材料价格的飞速上涨，矿业和石油公司积累了巨额财富。2002年四十家最大的矿业公司的年度净收益超过了60亿美元，2010年达到了1100亿。2003~2013年间，最大的五家石油公司（艾克森美孚、雪佛龙、壳牌、英国石油公司和康菲石油公司）的累计收益超过了10000亿美元[1]。2014年，尽管石油价格开始下降，但是前20家石油和天然气集团[2]仍然敛积了超过1900亿美元的收益。

化石能源在最近十年价格大涨，引得能源跨国公司和生产国大量投资新能源矿层的勘探和生产，忽视了可再生能源的发展，更不用提用可再生能源代替化石能源。需要一提的是，因为能源价格的高涨，以往开采代价高昂的矿层现在开始有收益，因此该类矿层的开发也加快了速度。这些巨额投

---

[1] 纳税人常识组织，《大油田，大利润：2012年产业巨头收益1200亿》，www.taxpayer.net/library/article/big-oil-big-profits- industry-tops-120-billion-in-2012.

[2] 《世界上最大的上市公司》，福布斯。www.forbes.com/global2000/list/#header :profits_sortreverse :true_industry :Oil%20 %26 %20Gas%20Operations.

资发挥了作用。国际能源署[①]承认，2006年突破了传统石油生产的顶峰[②]，平均日产7000万桶原油。但永远有更多的石油涌入世界市场。

价格上涨时采矿，价格下降了依然采矿

价格的大起大落刺激着能源公司和生产国增加投资，以应对他们常规能源储量的减少。冒着损失巨大和投资回报减少的风险，2000年起，石油工业的投资增加了180%，而全球石油供应仅增加了14%[③]。这一增长的三分之二源于对非常规的石油和天然气的投资，而开采这些能源往往比开采其他常规矿层更难，成本更高。结果，美国能源部称，开采了页岩碳氢化合物之后，全球石油储备增加了11%，天然气储备

---

① 国际能源署，《2010年世界能源展望》，www.worldenergyoutlook.org/media/weo2010.pdf.

② "石油巅峰"意味着可开采石油的储量趋近耗竭，全球石油产量达到极限。

③ 内弗兹·艾哈迈德使用的数据，《无法避免的化石燃料帝国的陨落》，《卫报》，2014-06-10。www.theguardian.com/environment/earth-insight/2014/jun/10/inevitable-demise-fossil-fuel-empire.

增加了47%[1]。

当碳氢化合物（大部分为原材料）价格上涨趋势停滞时，开采压力没有明显减少。相反，严重依赖原材料出口的国家的收入下降时，他们试图扩大石油、天然气和煤炭开采的特许权，以便通过增加数量来弥补价格下降造成的亏损。1958年，贾格迪什·巴格沃蒂提出，这些国家可能因此面临"贫困化增长"的处境[2]。私营公司可能做出相同反应，他们增加投入市场的能源数量以弥补价格下降带来的亏损。恶性循环由此开始。采矿——指的是为了满足全球出口市场的需求而大量开采自然资源的行为——自动延续。

反对非常规的碳氢化合物

除了生产石油，阿尔伯塔（加拿大）的油砂和北达科他（美国）的页岩油开采、伊拉克的矿井投入服务、海上油田的开采、众多生产国维持生产量（包括受到有力补助的农业燃

---

[1] 国际能源署，《技术上可再生的页岩气和页岩油：除美国以外的41个国家137个页岩地层的评估》，2013-07。www.eia.gov/analysis/studies/worldshalegas.

[2] 贾格迪什·巴哈瓦蒂，《贫困化增长：一份几何笔记》，《经济研究评论》，1958。

料①），这一切毫无阻碍地导致常规石油的生产量达到了巅峰，直到现在仍是这样。除了修改全球天然气版图，美国页岩气的大量开采，某些国家开采煤层沼气，主要的能源生产国投入使用新的常规天然气矿层，这些都促进了全球天然气常规产量的增加。2013 年，在 10.4 万个新挖矿井中，58% 位于北美地区，主要生产页岩燃料。全球石油和天然气供应链也改变了。2011 年美国成为了石油产品净出口国，而加拿大有望成为新的石油大国。

矿场越来越大，法国北部和东部的地下矿场越来越频繁地使用科技手段，因此煤炭的生产也有所发展。山顶移除法主要用于美国东部（西弗吉尼亚州、肯塔基州、田纳西州等）的阿巴拉契亚山脉的煤炭区，能移除山脉的顶部，让隐藏的煤炭矿区裸露在外。这样就可以减少人力，直接机械化开采矿脉，而我们在大型煤炭矿床发现的主要是露天矿场。采矿需要移除大量的巨大岩石，因此会对空气、水和土地造成严重的污染，也会对当地居民的健康带来可怕的影响②。

---

① 政府大力支持和慷慨补助生物燃料的生产，投入几百亿欧元将生物燃料引入燃料框架，因此生物燃料也属于常规能源范畴。美国 40% 以上的玉米、欧洲三分之二的植物油以及发展中国家几亿公顷作物都用于生产生物燃料，为粮食安全和主权带来了巨大的压力。

② 欧维客组织把有关能源开采技术对当地居民健康影响的众多科学研究进行编目。http://ovec.org/issues/mountaintop_removal/articles/health.

环境犯罪

德士古-雪佛龙公司在厄瓜多尔的亚马孙地区[①]犯下的罪过,和壳牌、埃尼及其他跨国公司在尼尔利亚[②]犯下的罪过一样,都提醒着我们,化石能源的开采会对环境和当地居民的健康产生影响。非常规碳氢化合物的开采将极大地加剧这些风险和后果。石油和天然气巨头的信条是:向下挖掘数千米,海上挖掘更深,砸碎岩石,污染含水层,让受到污染的水和物质上升到地面。然而无人知道如何治理,气候和当地居民不得不为他们的行为买单。

加拿大政府全力支持阿尔伯塔(加拿大)的油砂开采,这是现在严重的气候犯罪之一[③]。矿层面积达14万平方米,是法国本土面积四分之一。为了获得这些砂石,石油公司破坏了北部森林,除去地表的腐殖质,毁掉了当地居民赖以生存

[①] 与爱德华多·托莱多对话,《雪佛龙在厄瓜多尔的所作所为是犯罪,为了维护正义,我们需要承认这场犯罪》,跨国公司观察组织,2015-02-11。http://multinationales.org/Ce-qua-fait-Chevron-en-Equateur.

[②] 大赦国际,《尼日利亚:几百次石油泄漏不断毒害尼日尔河三角洲》,http://web-engage.augure.com/pub/link/392454/02424925897380781426744811895-amnesty.fr.html.

[③] 詹妮弗·胡思曼,达米安·绍特,《缓慢的工业大屠杀:北阿尔伯塔的油砂和当地居民》,《国际人权期刊》,2012-01(16):216-237。

的丰富的生态系统。在半径几十公里范围的露天矿场上，100吨铲量的起重机挖了50米的深坑。因为生产一桶石油需要2~5桶水，所以需要抽取大量淡水。由沥青和污染物构成的残渣的污染程度相当于每年发生一场"黑潮"，汞等污染物被源源不断地投入水中，污染了河流、土地和用于捕鱼及狩猎的资源。当地居民罹患癌症的比例暴涨。石油原材料的加工极其耗费能源，而且还会排放很多温室气体。加拿大的二氧化碳总排放量已经完全不受控制。加拿大已经承诺，与2005年相比，将在2020年前减少17%的排放量，这个承诺的排放量与最初的目标相比提高了20%[1]。

页岩碳氢化合物热潮

页岩碳氢化合物热潮是石油和天然气行业采矿陋行的一个典型。随着碳氢燃料价格的上涨和水力压裂、水平钻井等新技术的引进，开采新矿层成为了可能。这同样也是白宫鼎力支持的结果。美国副总统暨美国石油巨头之一的哈利伯顿公司前总裁迪克·切尼在其八年任期中说过，使用水力压裂

---

[1]《加拿大作出类似于其他国家的承诺》,《责任》, 2015-04-23。www.ledevoir.com/environnement/actualites-sur-l- environnement/438210/reduction-des-ges-le-canada-promet-des-objectifs- similaires-aux-autres-pays.

的公司没有遵守净水法案和干净空气法案的规定[1]。这些工业家以行业保密为借口，拒绝公开他们使用的化学产品。在白宫和游说集团的压力下，美国国家环境保护局于2004年发表一则报告，称水力压裂技术对饮用水"不存在任何威胁"[2]。

然而，页岩碳氢化合物开采对生态和健康的影响使其成为全球最具污染性的碳氢化合物矿层。水力压裂法是唯一可以大规模使用的技术。在地下岩层中注入高压水流，每一个矿井将受到几千万升水流的冲击，其中还混有沙砾和化学物质。在高压水流的冲击下，岩石间的缝隙扩大，相互连通，岩石中包含的天然气和石油就可以顺势流到岩石表面。地下矿井因此也转变成一个真正的化学反应工厂，压裂液在地下与化学物质发生反应。压裂过程中注入的化学物质可能污染地下水，而压裂液在每次压裂之后上升到地表，其中包含的物质也能污染地下水。

受到污染的水往往含有重金属和其他致癌物质，尤其是苯、甲苯、乙苯和二甲苯，有时也含有放射性物质，然而工

---

[1]《2005能源政策法案》，2005-08-08。http://energy.gov/sites/prod/files/2013/10/f3/epact_2005.pdf.

[2] 美国国家环境保护局，《煤层气的水力压裂法对地下饮用水的影响评估》，2004。http:// water.epa.gov/type/groundwater/uic/class2/hydraulicfracturing/wells_coalbedmethanestudy.cfm.

业家却无法处理这些巨量污水。污水被存放在沉降槽中，但还是会污染地表水和周围空气。我们无法统计污染土壤和河流的事故、泄漏和排水的次数。为了获取利润，页岩碳氢化合物的工业开采需要挖掘无数矿井。宾夕法尼亚和哥伦比亚大学的研究人员做了一项研究，他们调查了2007~2011年矿井密度和就医频率之间的联系。研究者发现住在使用水力压裂法的天然气或石油矿井附近的患有心脏病和神经系统疾病的居民就医频率更高[1]。原因显而易见，居民接触到水力压裂法带来的有毒物质。

为了输送水和化学物质，并将抽取的天然气运输到销售网络，人们建设了必要的庞大设备，进而将风景与土地"毁容"。开采页岩碳氢化合物使用了大量的水，因此与其他领域展开了对水的争夺，比如为了保证工业用水而限制美国西部农民的生产生活用水[2]。美国地质部门一项新的研究表明，使

---

[1] 托马斯·杰米耶里塔，乔治·格顿，马修·奈德尔，史蒂文·周鲁德，严北展，马丁·施多特等，《非常规油气钻井与就医频率增加有关》，《影响因子》，2015。

[2] 《美国水力压裂法导致缺水》，《世界报》，2012-08-23。www.lemonde.fr/planete/ article/2012/08/23/etats-unis-l-eau-manque-pour-permettre-la-fracturation- hydraulique_1749008_3244.html。

用水力压裂法有可能产生里氏 5.7 级的地震[1]。

页岩气不是过渡能源

页岩气推广者往往为他们的开采行为进行辩解,称燃烧天然气释放的二氧化碳比燃烧煤炭等其他的碳氢燃料释放得更少。因此页岩气被视为代替煤炭的理想能源。如果石油公司和天然气公司真的把这一论据作为战略中心,那么他们就不会开采页岩气,因为这没有道理。另外,从气候角度看,这个论据出现了一个基础错误,它将绝对和相对搞混了:大部分石油、天然气和煤炭的混合储备应该被冻结于地下,在 2050 年前拨予的碳预算中可以被代替。决定开采页岩气意味着大量投资重型设备(开采设备、基础设备、输气管、为了出口天然气的液化厂和再气化厂等),加重了财政负担。而这些预算本来可以投入到能源变革和可再生能源的发展中。页岩气开采带来的经济复苏是一股减少温室气体排放的反对力量。

页岩气和煤炭之间的差距比工业家们认为的更小。事

---

[1]《2011俄克拉何马州的诱发地震有可能引发了大地震》,美国地质调查局,2014-06。www.usgs.gov/newsroom/article.asp?ID=3819。

实上页岩气的有害程度跟煤炭的一样。一些科学研究[①]显示，页岩气矿井中观察到的天然气泄漏量可能占开采总量4%~8%——天然气加剧温室效应的能力比二氧化碳高二十多倍。最近一些有关得克萨斯州三万个矿井的研究表明，天然气泄漏量比国家环境保护局提供的数字高了50%[②]。页岩气被作为一种过渡能源进行推广，但对于环境影响巨大。

战胜石油和天然气巨头的故事

全球页岩气热潮经历了一些重大的意外。2010年秋，因为所谓的"页岩气革命"，法国人纷纷举手赞成页岩气的发展。然而一年之后，很少法国人说自己曾经听说过这件事。在此期间发生了一场激烈的群众运动，来反对尼古拉·萨科齐政府给道达尔公司（蒙特利马尔许可证）和舒巴奇公司（贝

---

① 罗伯特·霍华斯，芮妮·桑托罗，安东尼·英格菲拉，《来自页岩底层的天然气的甲烷和温室气体足迹》，《气候变化快报》，2010；加布里埃勒·彼得龙，《科罗拉多前峰的碳氢化合物排放表征：初步研究》，《地球物理学研究杂志》，2012:117。

② 宋丽莎，赞哈拉·伊尔基，《得克萨斯州水力压裂地区的甲烷排放量高于美国国家环境保护局预估量的50%》，《内部气候新闻》，2015-07。http://insideclimatenews.org/news/08072015/methane-emissions-texas-fracking-region-50-higher-epa-estimates-oil-gas-drilling-barnett-shale-environmental-defense-fund。

尔新城及楠村许可证）颁发许可证。上述地区没有进行过常规天然气和石油的开采，因此这些许可证遭到了强烈反对。2011年2月，贝尔新城的游行活动聚集了近两万人，象征着法国市民对石油和天然气工业发出的第一次抵制警告[1]。几周内，市民组织在实践中学习、成形，组织了一些拥有众多参与者的公共集会，尤其在阿尔代什、加尔和阿韦龙的乡镇和小城中，并张贴了一些背景文件。

政府颁发这三张许可证前没有经过公共协商和预先的环境调查，因此面临着巨大的反对声音，从猎人、渔民、洞穴学者、普通市民到生态学家。他们都想了解更多信息，不希望化石能源公司支配他们赖以生存的土地的未来。

乔什·福克斯的电影《天然气之国》[2]于2010年上映，已经播放了上千次，展示了水力压裂法在美国不同地区的使用后果。不管该影片以原长度放映，还是被剪辑成短片之后播放，都能帮助公民了解水力压裂法。这部纪录片的真实而强有力的画面震撼着观众：只要看了影片就会坚信不能让工业家进驻他们的村庄、城市和地区。影片中，迈克·马卡姆为了检验自来水中是否含有天然气，用打火机点水龙头流出来的水，

---

[1] 马克西姆·孔布，《"拒绝天然气"：反对页岩气的运动愈燃愈烈》，《巴斯塔！》，2011-03-01。www.bastamag.fr/ article1451.html.

[2] 观影网址：www.gaslandthemovie.com.

结果竟然燃烧了起来，这一幕比演讲和研究更有震撼力。

经济、科技和地质方面的支撑数据以难以想象的速度传播开来，然而科学研究被解析、分析、修改和再次利用。众多斗士尽管没有接受这方面的初期教育，但已然变成了开采技术的专家。一种真正的市民学问产生了，而且工业领域的沟通者或者议员不可能从中找出错误。美国、加拿大和澳大利亚的一些案例让我们了解，非常规碳氢化合物的开采后果不局限于次要的风险：健康影响、化学污染、饮用水浪费、地震和温室气体对于反页岩气斗士而言再也不是秘密。

走向第一项水力压裂的禁止法案

动员的速度之快、人数之多、范围之广迫使地方及国家的议员和各方政治团体明确表达反对水力压裂和页岩气的立场。迫于市民的压力，当地议员不等国会的指示或决定，而是根据当地群众投票得出的多数人的意愿和情绪来迅速转换立场。当地群众的这种做法大大超出了议员的能力。法国的省长和代表们不得不违背自己的意愿：合法控制群众的情绪，明确支持页岩气的开采，或者不反对，以及支持当地议员。后者向政府要求与他们站在同一战线。

法国国会议员包括政治界、经济界和媒体界的人士，他们被这场运动的规模所震撼，不知道怎么阻止。当尼古拉·萨科齐政府的部长们开始提出可能的延期方案时，参与这场浩大的动员运动的市民群体要求禁止并取消许可证。法国撤销了有关可能利用"法国技术""正确地"进行页岩气开采的通知，因为这些通知毫无根据，与事实相差甚远。临时面对这场意料之外的毫无胜算的辩论，议员们最终在议会上出台了四项旨在禁止水力压裂的法案，或多或少地带有一些明确性。

与市民群体的要求相比，最后通过的法律提案（2011年7月13日）显得极其无力，根本无法禁止水力压裂法在法国领土上的使用。该法案也没有明确水力压裂法的定义，允许自由地进行大量的可能的解读。而且该法案允许以科研和丰富科学知识的名义进行研究，毫不顾及科研用于其他目的的风险。通过这项法规，2011年10月激起市民抗议的三项许可证被彻底撤销了。

三项碳氢化合物的开采许可证取消之后，市民群体立刻就注意到了。但是整个法国还存在64项许可证。禁止法案投票之后，为了取消新的许可证，阻止许可证的改变和延期，阻碍开采公司新提出的许可证申请的通过，这些团体还举行了法律游击战，对国会议员和地方议员进行政治骚扰。一些许可证申请要求没有通过，比如布里尼奥勒（瓦尔省）、博蒙德洛马涅（塔恩-加龙省）、外蒙特利马尔（德龙省）、里昂-阿讷西（萨瓦省）、蒙特法尔孔（伊泽尔省）、卡奥尔（洛特省）等地的许可证，因此市民团体取得了一定的胜利。其他已经颁发的许可证没有延期，如莱斯穆西埃许可证（安-汝拉省)以及斗牛士公司拥有的许可证。该公司在塞纳-马恩省、埃纳省、奥布省、马恩省、荣纳省、卢瓦雷省的许可证都被赫斯公司和弗米利恩公司回收了。

游说集团的反攻

赞成页岩能源开采的游说集团对市民运动出其不意的进击感到震惊，需要时间来反应。他们开始了反攻。目标是不惜一切"重新展开讨论"，包括歪曲对手形象。2012年3月9日，《世界报》在禁令法投票之后七次发表题为"石油燃烧，页岩气在等待"的匿名社论，因此游说集团赢得一分，扳回一局。社论作者承诺了一个全新的"天然气的黄金时代"，企图重新展开一场毫无顾忌的讨论，以便将"页岩气"引入能源结构内，摆脱对天然气生产国的依赖，进而"提高经济竞争力"[1]。

某些活跃在媒体中的专家提出了一个目标——"怎么走出法国的禁令？"[2]。经济学家菲利普·查尔曼指责水力压裂法

---

[1]《石油在燃烧，页岩气在等待》,《世界报》, 2012-03-09。www.lemonde.fr/planete/article/2012/03/09/le-petrole-flambe-le-gaz-de-schiste-attend_1649293_3244.html.

[2] 2012年1月17日，在总理弗朗索瓦·菲永和能源部部长埃里克·贝松的主持下，瓦兹省人民运动联盟的众议员弗朗索瓦-米歇尔·戈诺组织了该场研讨会。

禁令，并保证页岩气将会有利于法国能源独立，降低法国人的能源支出①。然而这些互相矛盾的观点并没有解释开采费用巨大的能源如何能降低家庭能源开销，仅仅是将用户与能源公司的利益搞混了而已。雅克·阿塔利认为页岩气是一个"宏大的远景"，就像他展示的"美国例子"一样②。克洛德·阿莱格尔也发表了一则文章，用来解释为什么不应该"害怕页岩气③"。道达尔公司的总裁克里斯多夫·马哲睿对法国"精神分裂的态度④"感到愤慨，他认为这种讨论"必将引发变化⑤"，并毫不犹豫地组织了一次沃斯堡的宣传之行（美国得克萨斯

---

① 卢森堡广播电视台的菲利普·沙尔曼，《弗朗索瓦·奥朗德并未对页岩气关上大门》，2009-02-29。www.rtl.fr/actualites/ politique/article/francois-hollande-ne-ferme-pas-la-porte-au-gaz-de- schiste-7744463921。

② 《雅克·阿塔利—页岩气："不应该决绝地说'不'"》，2012-10,《媒体镜》。http://lemediascope.fr/jacques- attali-gaz-de-schiste-il-ne-faut-jamais-dire-non-de-maniere-definitive。

③ 克洛德·阿莱格尔，《奥朗德先生，不要害怕页岩气！》，《观点周刊》，2012-07-05。www.lepoint.fr/chroniques/monsieur- hollande-n-ayez-pas-peur-des-gaz-de-schiste-05-07-2012-1482421_2.php。

④ 道达尔公司总裁克里斯多夫·马哲睿，《法国精神分裂》，《扩展》，2012-05-20。http://energie.lexpansion.com/energies-fossiles/christophe-de-margerie-pdg-de-total-la-france-est-schizophrene-_a-31-7449.html。

⑤ 《页岩气：道达尔公司总裁认为"讨论必将升级"》，《二十分钟报》，2012-01-19。www.20minutes.fr/ledirect/862902/ gaz-schiste-le-debat-va-necessairement-evoluer-selon-pdg-total。

州)①。沃斯堡拥有两千个矿井，甚至市中心也有②。道达尔花了一点儿小钱，就获得了一个极其有利于页岩气开采的报道③和一篇刊登在《世界报》上的名为"不要放弃页岩气的讨论④"的社论。

除了道达尔和 Engie 公司，其他直接或间接参与到页岩油气行业的法国公司数不胜数，尤其是在国外参与的公司：索尔维集团、瓦卢瑞克公司、阿科玛公司、苏伊士环境集团、斯伦贝谢公司、德西尼布集团、埃森哲公司、液化空气集团等。在法国石油工业联盟的前主席让-路易·希兰斯基的倡议下，这些公司于2015年初建立了法国第一个赞成页岩气的游说集团——非常规碳氢化合物中心。正式来说，这不是"用斗争包围政府及议员来支持这些论点"，而是提供一个"科技

---

① 《支持或反对页岩气：<世界报>已经作出选择》，《画面的停止》，2012-07-26。www.rue89.com/rue89-planete/2012/07/27/le-reportage-pro-gaz-de-schistes-etait-finance-par- total-234186.

② 泽维尔·弗里松，《沃斯堡，拥有2000个矿井的城市》，《政治》，2011-09-22。www.politis.fr/Fort-Worth-la-ville-aux-2000-puits,15275.html.

③ 让-米歇尔·贝扎，《欢迎来到页岩气之都——得克萨斯州的沃斯堡》，《世界报》，2012-07-26。

④ 《不要放弃页岩气的讨论》，《世界报》，2012-07-25。www.lemonde.fr/a-la-une/article/2012/07/25/n-enterrons-pas- le-debat-sur-les-gaz-de-schiste_1738035_3208.html.

信息"。事实完全不是这样,我们在这个组织的官网上没有发现任何批评页岩碳氢化合物开采的科学研究的参考材料,而且让-路易·希兰斯基逮着机会就公开呼吁,希望法国政府和欧洲各个机构能够鼓励他们的开采活动[1]。

两位部长因拒绝页岩气而下台

如果工业和天然气业的游说集团没有成功地推动政府复审禁令,那么他们也已经明确放出话了,而且促成了政策的意外转变。阿诺·蒙特堡在参与2012年社会党初选时曾宣称坚决反对页岩碳氢化合物的开采,认为"这是一个解决巨大的生态危机的不切实际的'好'主意[2]"。随后他凭借有利地位成功担任弗朗索瓦·奥朗德的生产复兴部部长[3],主张"与

---

[1] 让-路易·希兰斯基,《石油领域不再如从前》《回声报》,2015-07-02。www.lesechos.fr/idees-debats/ editos-analyses/021154932019-en-matiere-de-petrole-plus-rien-ne-sera-jamais-comme-avant-1133662.php.

[2] 卢森堡广播电视台,《当蒙特堡不爱页岩气》,2013-07-13。www.rtl.fr/actu/sciences-environnement/quand-montebourg-n-aimait-pas-le-gaz-de-schiste-7763107999.

[3] 《页岩气:蒙特堡将浏览文件》,《巴黎人报》,2012-07-13。www.leparisien.fr/flash-actualite-politique/gaz-de-schiste-montebourg-va-regarder-le-dossier-13-07-2012-2089064.php.

其进口,不如开采①"的政策。米歇尔·罗卡尔认为"众神降福于法兰西②"。立场的转变往往发生在右派:尼古拉·萨科齐及其政府和右派大多数人投票赞成禁令,同意取消最初的许可证,但是后来他们中的很多人都呼吁重新展开讨论,甚至跟尼古拉·萨科齐一样,自称支持在国土上开采页岩碳氢化合物③!

工业、石油和天然气游说集团对两位环境部长的下台拍手称庆,因为这两人坚决反对开采所有非常规碳氢化合物。妮科尔·布里克任职于弗朗索瓦·奥朗德的第一任政府,在气愤的游说集团的压力之下被毫不留情地排挤出去,因为她为壳牌在几内亚的勘探活动上设置了不少障碍④。德尔菲娜·巴多接

---

① 《阿诺·蒙特堡认为,与其进口页岩气,不如开采》,《世界报》,2012-11-28。www.lemonde.fr/planete/ article/2012/11/28/gaz-de-schiste-mieux-vaut-l-exploiter-que-l-importer- estime-arnaud-montebourg_1796964_3244.html。

② 《页岩气:罗卡尔认为众神降福于法兰西》,《新观察家》,2012-11-10。http://tempsreel.nouvelobs.com/ societe/20121110.OBS8900/gaz-de-schiste-rocard-estime-que-la-france-est-benie-des-dieux.html。

③ 《尼古拉·萨科齐在页岩气问题上的立场转变》,《世界报》,2014-09-26。www.lemonde.fr/les-decodeurs/article/2014/09/26/le- revirement-de-nicolas-sarkozy-sur-le-gaz-de-schiste_4495139_4355770.html。

④ 安娜-苏菲·梅西耶,《环境部长妮科尔·布里克下台的内幕》,《世界报》,2012-06-26。www.lemonde.fr/ politique/article/2012/06/26/les-dessous-de-l-eviction-de-nicole-bricq-du- ministere-de- l-ecologie_1724497_823448.html。

替妮科尔·布里克的位置后也被排挤出去，她指责瓦卢瑞克公司的总裁菲利普·克鲁泽暗箱操作，导致她下台，因为后者被她采取的方针给激怒了[①]。她也控诉法国总统及法国总理，认为他们没有抵抗住支持页岩气的工业游说集团的攻势。总之这两位部长都在法国游说集团的采矿狂热之中"牺牲"了。

这些游说集团最大的成功在于打破了对法国领土上化石能源开采活动的彻底封锁。社会党众议员一项法案的中心思想是"禁止非常规能源的勘探和开采，废止非常规能矿研究的独家许可证"，弗朗索瓦·奥朗德、让-马克·艾罗、阿诺·蒙特堡和德尔菲娜·巴多都签署了这个法案[②]。但是奥朗德当选后却再也没有提起这个法案。这是游说集团的一个象征性的胜利，他们避免了明确承认走出化石能源时代的必要性所带来的麻烦。得益于这场胜仗，2013年政府颁发两张在阿尔萨斯和洛林的新的液体或气体燃料研究的许可证[③]，并鼓励煤层

[①] 让-克洛德·雅耶特，《巴多也被石油游说集团赶走了？》，《玛丽雅娜》，2013-07-04。www.marianne.net/Batho-viree-par-le-lobby-petrolier_a230034.html.

[②] 法国国民议会，《法律提案》，2011-07-13。www.assemblee-nationale.fr/13/pdf/propositions/pion3690.pdf.

[③] 苏菲·沙佩勒，《勘探许可证：石油公司勘查阿尔萨斯和洛林》，《巴斯塔！》，2013-09。www.bastamag.net/ Permis-d-exploration-les.

气等新化石能源的开采[1]，比如颁发北部加莱海峡的中南部[2]和瓦朗西纳地区[3]的许可证。

另外，法国政府拒绝直接参与法兰西岛大区的相关活动，尽管加拿大弗米利恩公司在禁令投票之前已经在塞纳-马恩两次使用水力压裂法。这家公司仍继续着开采活动，觊觎着该地区庞大的页岩油储量。政府将延长该公司在圣茹斯特-布里的许可证的有效期，由此会产生一个危险的先例[4]。凭借着在尚波特朗的特权，弗米利恩公司将会挖掘新的矿井[5]，官方宣称为了开采传统石油，然而民间组织怀疑该公司实际上会探寻非常规碳氢能源。

---

[1] 马克西姆·孔布，《页岩气之后，石油公司将迎来新的摇钱树——煤层气》，《巴斯塔！》，2014-03. www.bastamag.net/Les-gaz-de-couche-nouveau-filon.

[2] 生态、可持续发展和能源部，《中南部许可证》，2012-06-07。www.developpement-durable.gouv.fr/Sud-Midi,28218.html.

[3] 生态、可持续发展和能源部，《瓦朗西纳许可证》，2012-06-07。www.developpement-durable.gouv.fr/Valenciennois.html.

[4] 菲利普·柯莱，《页岩气：2011年被锁许可证将会重新启用？》，《环境新闻》，2015-03. www.actu-environnement.com/ae/news/gaz-schiste-hydrocarbures-permis-bloques- renouvellement-vermilion-24021.php4.

[5]《弗米利恩将凭借在尚波特朗的特权扩大挖掘行动》，法国77信息。www.77info.fr/pages/breves.php ?breve=3805&titre=P ETROLE+Vermilion+veut+etendre+son+activite+sur+la+concession+de+C hampotran.

国外的反击

国内阻碍重重，因此法国公司在国外开展活动。道达尔公司从 2009 年起就参与了美国第一大页岩气生产商切萨皮克能源公司在得克萨斯州巴奈特页岩盆地的开采活动，并且拥有切萨皮克公司在俄亥俄州和尤蒂卡的页岩气矿层开采权 25% 的股权[1]。道达尔公司在丹麦也获得了两份许可证，但是遭到了市民的强烈反对[2]。该公司在中国与中国石化签有合同[3]。它在阿根廷的一些许可证成为了市民运动的重要攻击对象[4]。道达尔也在澳大利亚开展了活动，参与格莱斯顿能源公司实施的世界上最大的液化煤气项目。最近，该公司还获得

---

[1]《道达尔公司将深化美国页岩气业务》，《世界报》，2012-01-03。www.lemonde.fr/planete/article/2012/01/03/total-se-renforce-dans-le-gaz-de-schiste-aux-etats-unis_1624972_3244.html.

[2] 阿涅斯·卢梭，《页岩气：丹麦因道达尔使用违禁化学产品而查封该公司的一个工地》，《巴斯塔！》，2015-05-07。www.bastamag.net/Gaz-de-schiste-le-Danemark-bloque-un-chantier-de-Total-pour-utilisation-de.

[3] 西蒙·浩，《道达尔深化与中国的合作》，《华尔街日报》，2012-03-18。www.wsj.com/articles/SB10001424052702304636404577288961610767188.

[4] 奥利维耶·珀蒂让，苏菲·沙佩勒，《页岩气：反对阿根廷石油公司的民众运动》，《巴斯塔！》，2014-06-03。bastamag.net/Ruee-sur-le-gaz-de-schiste.

了英国东米德兰地区的两份许可证 40% 的股权。它正在尽力抢占世界上现存的或可能存在的大矿区。

另一个法国天然气巨头 Engie 公司，即前法国燃气苏伊士集团，也加入了申请阿韦龙省的楠村许可证的行列。该公司已经使用水力压裂法在荷兰和德国开采致密气[1]，现在希望能够在页岩碳氢化合物方面有所发展。2013 年 10 月，继道达尔能源公司之后，Engie 公司获得了柴郡和东米德兰的 13 项许可证 25% 的股权，覆盖了英国鲍兰德整个页岩盆地[2]。2014 年 2 月，美国能源部宣布，批准卡梅伦堂区（路易斯安那州）的液化天然气厂项目。Engie 和其他公司合作，占股 16.6%，每年最多可出口 4 百万吨液化天然气。其中一部分来自于美国的页岩气，以满足最具收益性的亚洲市场的需求[3]。

---

[1]《法国燃气苏伊士公司涉足页岩气领域》,《回声报》, 2013-10-23。www.lesechos.fr/23/10/2013/LesEchos/21549-074-ECH_gdf-suez- met-un-pied-dans-le-gaz-de-schiste.htm.

[2] Engie 公司,《法国燃气苏伊士公司第一次在英国获取页岩气陆上勘探许可证》《通讯稿》, 2013-10-22。www.gdfsuez.com/journalistes/communiques-de-presse/gaz-de-schiste-royaume-uni.

[3] 让-米歇尔·贝扎,《华盛顿允许法国燃气苏伊士公司出口页岩气》,《世界报》, 2014-02-12。www.lemonde.fr/economie/ article/2014/02/12/washington-autorise-gdf-sueza-exporter-du-gaz-de-schiste_4364902_3234.html.

众多法国公司也参与其中。瓦卢瑞克、德西尼布和斯伦贝谢三家公司擅长为石油和天然气行业提供服务，与大量页岩能源开采点合作，开展业务。斯伦贝谢是水力压裂法使用的泵和液压液的主要供应商之一。而瓦卢瑞克以美国为大本营，专业生产热轧无缝管道，是页岩碳氢化合物开采的主要管道供应商之一。德西尼布公司、拉法基集团、液化空气集团和圣戈班集团也供应建筑材料（特种水泥等）和水力压裂所需的化学产品。威立雅和苏伊士集团同样认为水力压裂是棵摇钱树：这项技术既需要大量的水，又会产生相同数量的污水。法国水务行业的跨国公司也瞄准了这个市场[1]，认为可以从两方面获利：提供水和净化水。

欧盟更倾向于（页岩）天然气，而不是可再生能源

在欧洲，Engie 和道达尔推动创建了"欧洲拥护天然气论坛"，专门用于捍卫天然气和页岩气。为了在欧洲宣传页岩气，无处不在的道达尔集团与壳牌、雪佛龙和哈里伯顿一起创建了网站（shalegas-europe.eu），目的相对简单。正如美国的环

---

[1] 米里亚姆·肖沃，《页岩气：威立雅和苏伊士竞争大合同》，《回声报》，2013-01-24。www.lesechos.fr/industrie-services/dossiers/0202391226050/0202523521878-gaz-de-schiste-veolia-et-suez-en-lice-pour-un-contrat-geant-531843.php。

境豁免政策让页岩气的开采变得有利可图，这些公司希望欧洲的机构不要引入针对页岩气开采的特殊标准。为此，他们进行了广泛的宣传，将天然气比作"绿色"能源，而这些行动也获得了波兰政府和英国政府的大力支持。

2014年3月12日，欧洲议会决定，在页岩碳氢化合物领域，全面开采或全面使用水力压裂法之前不必再进行环境影响研究[1]。近二百类项目，比如桥梁、港口、汽车、垃圾堆填区和集约型养殖场的建造都需要进行环境影响研究。水力压裂法对于环境的影响不言而喻，但是一个使用水力压裂法的行业竟然不需要进行环境影响研究。国际油气生产者协会对这个不强加"无用的要求"、允许"国家能源评估"的决定感到欣喜。油气游说集团紧紧盯着欧洲页岩气勘探所带来的利益，认为议会的决定是"增强欧洲的竞争力的一大步"。

欧洲游说集团建议欧盟委员会建立一个有利于促进页岩碳氢化合物开采的行动框架[2]，欧盟委员会的确这么做了。它创建了一个有利于油气工业的游说空间，其中一群专家负责

---

[1] 马克西姆·孔布，《在欧洲，页岩气将无须进行环境影响研究》，《巴斯塔！》，2014-03-20。www.bastamag.net/Union-europeenne-pas-d-etude-d.

[2] 贝法·克罗姆，《欧洲的竞争和发展》，2013年5月30日递交给德国总理和法国总统的法德劳动团体报告。

搜集有关非常规碳氢化合物的信息。欧洲企业观察组织和欧洲地球之友组织联合发表了一份报告，60名知名"专家"中，40%或者直接参与页岩气生产的公司工作，如道达尔公司、法国燃气苏伊士集团、壳牌等，或者为油气领域的游说集团效力[①]。而且，其中只有5名专家代表公民社团！总而言之，这个体系中70%的人与油气产业存在利益关系[②]。

然而反对页岩气的运动如火如荼

页岩气的经济游说集团的进攻和反击是强大且组织完善的。但是全球的群众运动日益兴盛，获得了不少胜利。群众运动不限于法国，从魁北克到罗马尼亚，再到阿根廷，油气游说集团往往使用同一种陈词滥调："这是地球上唯一一个批评页岩气开采的国家。"这种陈词滥调往往歪曲事实，因为世界上存在很多地方性运动，推动了水力压裂法禁令的出台、

[①] 欧洲公司观察组织，欧洲地球之友组织，《水力压裂的自由行动权：欧盟委员会的新智库如何允许页岩气产业制定议程》，http://corporateeurope.org/sites/default/files/attachments/carte_blanche_for_fracking_final.pdf.

[②] 奥利维耶·珀蒂让，《欧洲对支持页岩气的游说集团大开大门》，《巴斯塔！》，2015-04。www.bastamag.net/ L-Europe-ouvre-grande-la-porte-aux-lobbies-du-gaz-de-schiste.

开采许可证的延期以及各类严苛规定的出现①。

美国是页岩气产业的核心，过去几年中挖了成千上万个矿井，因此美国面临着更加激烈的指责。美国反对页岩气的运动无疑是重要的批判方式之一。佛蒙特州首先出台水力压裂法延期政策，而纽约州在经过几个月的群众运动之后，也出台了最终延期政策。马里兰州、新泽西州、怀俄明州、北卡罗来纳州、密歇根州以及其他成千上万个市镇郡县都颁布了延期政策或者严苛的规章条例。反水力压裂法运动的规模相当大②。此时，某些国家取消了一些省市的决定，希望能够制止这股浪潮③。加拿大的新斯科舍和新不伦瑞克出台延期政策。魁北克如火如荼的群众运动引入一系列条款，限制水力压裂法在圣劳伦斯河沿岸以及其入海口的安大略边境的使用，促成了一部分工业项目的暂时延期。

几乎所有国家的页岩碳氢化合物的开采项目都激起了当

---

① 详见苏尔石油观察组织定期更新的地图：www.opsur.org.ar/blog/2012/10/31/situacion-legal-del-fracking-en-el-mundo.

② 食物与水观察组织，《对抗水力压裂的地方行动》，www.foodandwaterwatch.org/water/fracking/anti-fracking-map/local-action-documents.

③ 杰克·希利，《反击地方水力压裂禁令的强大力量》《纽约时报》，2015-01-03. www.nytimes.com/2015/01/04/us/heavyweight-response-to-local-fracking-bans.html?r=0.

地民众的强烈反抗。澳大利亚一个庞大的群众运动要求农民拒绝对采矿者打开大门（"锁上大门"），导致一些项目的搁浅或取消。阿根廷政府希望通过发展页岩油来极大地降低能源依赖，但是一个反对雪佛龙、道达尔和其他跨国公司的群众运动正在展开，促使三十多个地方政府采取措施对抗页岩碳氢化合物的开采。因萨拉赫位于阿尔及利亚撒哈拉的中心，拥有5万人口，靠近道达尔集团参与的能源开采点[①]。该城市的群众运动规模之大史无前例，令人震惊。几个月以来因萨拉赫举行了一些和平游行，希望阻止新矿层的开采活动，对阿尔及利亚的政治体制也产生了压力，这些压力是以往的群众运动所无法比拟的[②]。

在欧洲，经历了浩大的群众运动后，希望为页岩碳氢化合物打开大门的中央政府也往往遭到国内地方政府的反对。西班牙众多地区反对水力压裂法（坎塔布里亚、拉里奥哈、纳瓦拉、卡塔卢尼亚、安达鲁西亚和巴斯克地区），但西班

[①] 奥利维耶·珀蒂让，《页岩气：阿尔及利亚人行动起来，对抗石油跨国公司的制度和干涉》，《巴斯塔！》，2015-03-06。www.bastamag.net/Gaz-de-schiste-les-Algeriens-se-mobilisent-contre-le-regime-et-l-ingerence-des.

[②] 苏菲·沙佩勒，《阿尔及利亚：无论权力怎么挑衅，我们将保持和平运动》，《巴斯塔！》，2015-05-20。www.bastamag.net/Algerie-notre-lutte-contre-le-gaz-de-schiste-peut.

牙政府企图将这些反对立场归为违宪行为。在德国，众多地方政府在当地群众的压力下，投票通过反对开采页岩油气的提案①。大规模的群众运动对德国议会施加了巨大的压力，迫使议会通过了最严苛的页岩油气法。至于比利时，弗拉芒政府则采取了一个两年的延期措施。所有相关的欧洲国家都采取了同类政策：瑞士、捷克共和国、罗马尼亚等。保加利亚、苏格兰和威尔士禁止使用水力压裂法②。荷兰政府禁止2020年前的一切页岩气的商业开采行动③。

愿望落空

油气公司在欧洲投资油气的开采，但是很多公司的愿望都落空了。波兰本来是欧洲页岩气的天堂，2011年波兰前总理唐纳德·图斯克宣布，第一个矿井将从2014年开始投入服务。但是2015年，没有任何矿井投入服务，而且大批

---

① 运动地图：www.bund.net/fileadmin/bundnet/pdfs/klima_und_energie/150318_bund_klima_energie_fracking_deutschlandkarte.pdf.

② 迪尔德丽·福通，《威尔士效仿苏格兰，在这场"历史性的"投票中对水力压裂说不》，《共同梦想》，2015-02-04。www.commondreams.org/news/2015/02/04/historic-vote-wales-joins-scotland-saying-no-fracking.

③ 法新社，《页岩气：荷兰2020年之前禁止进行商业开采》，罗曼蒂电台，2015-07-10。www.romandie.com/news/Gaz-de-schiste-pas-de-forage-commercial-avant-2020-aux-PaysBas/611194.rom.

相关外企都撤出了波兰：继道达尔、艾克森美孚和雪佛龙之后，康菲也宣布退出波兰①，因为该公司在六年间对7个矿井共投资了2.2亿美元，然而开采结果令人失望。再举个有关浩大的群众运动的例子，在波兰的祖拉洛夫镇上，当地农民和居民占领开采点长达四百天，阻止雪佛龙公司安装开采机械②。事实上，波兰政府并不希望阻止国内页岩气的开采活动。

英国的戴维·卡梅伦宣布，政府准备"冲向"页岩气，并且向投标企业承诺了丰厚的减税优惠。最终，页岩气开采的进程还是"相当缓慢③"，2015年仅能开采十来个矿井。夸德里拉公司在英国西北部的兰开夏郡使用水力压裂法而引起了地震，这一事件受到了广泛关注，给了英国一个教训，当

---

① 路透社，《康菲是最后一家放弃波兰页岩气的国际石油公司》，2015-06-05。www.reuters.com/article/2015/06/05/conoco-poland-shalegas-idUSL5N0YR2R320150605.

② 马克西姆·孔布，《页岩气：波兰农民让雪佛龙低头》，《巴斯塔！》，2014-07-16。www.bastamag.net/Gaz-de-schiste-des-paysans.

③ 魏德方，《2015年竖起11道新墙，英国页岩气革命受挫》《卫报》，2015-01-19。www.theguardian.com/environment/2015/jan/19/uk-shale-gas-revolution-falls-flat-just-11-new-wells-planned-2015.

地政府因为此次地震拒绝了许可证的申请①。2014年，雪佛龙公司在罗马尼亚的发展顺风顺水，但是一年后，这家美企却决定停止在罗马尼亚的活动。2013年冬季，罗马尼亚的蓬杰什蒂镇爆发了针对雪佛龙公司的大型抗议活动②。在丹麦，道达尔公司正要开始开采时，反对者封堵通往采矿点的道路，僵持了好几天，推迟了地下开采工作③。

能源公司遇到的麻烦、长时间的等待、阻止或者延迟开采项目的群众运动都使得欧洲的页岩气的大规模开采遥遥无期。页岩气不是一棵摇钱树，反倒成为了一个幻想。人们不会奢望页岩油气能够在短期内改善欧洲的能源结构。目前，发展页岩油气没有创造出成千上万个就业岗位，没有提高欧洲公司竞争力，也没有终结能源依赖，那么未来也不会。相反，因为所受的压力、错误的决定和拓展碳氢化合物阵线的目标，跨国公司和各国政府在真正的能源变革政策的实施上

---

① 法新社，《大不列颠：当地政府叫停页岩气项目》，《新闻报》，2015-06-29。www.lapresse.ca/environnement/dossiers/gaz-de-schiste/201506/29/01-4881751-gb-un-projet-de-gaz-de-schiste-bloque-par-des-autorites-locales.php.

② 有关蓬杰什蒂镇运动的文章可见《巴斯塔！——阿莱斯天然气》，http://bastagazales.fr/tag/pungesti.

③ 苏菲·沙佩勒，《页岩气：丹麦市民试图赶走道达尔》，《巴斯塔！》，2015-04-14。www.bastamag.net/Gaz-de-schiste-au-Danemark-les-citoyens-tentent-de-repousser-Total.

花费了太多的时间和金钱，而能源变革政策无疑应该更高效、更加适应现状。他们的拖拖拉拉加剧了气候危机。

封锁能源跨国公司和他们的世界

面对欧洲及全球能源政策的僵局，群众运动在对抗当地页岩油气开发项目的同时也指明了道路。当审视我们建立在无度的化石能源开发之上的能源体系时，或许能找到一些其他可能。反对页岩气的运动是"前线斗争"的一部分，此类频繁的运动反对采矿阵线的扩张（从页岩碳氢化合物到新的采矿项目）及无用的、强加的、不合适的、新的基础设施的建造（机场、高速公路、大坝、平台等）。除了致力于制止加热地球的机器外，这些运动还削弱了那些阻碍对抗气候混乱的斗争的人的力量。人们掀掉了能源变革的敌人的面具，揭露了他们的身份。跨国公司不尊重一切，而且国家或者地方政府也将他们的破坏环境的项目强加给毫不情愿的人民。

虽然不能把所有的东西一一揭露，但是这些斗争数量多、种类全，能够适应各地情况，符合当地的目标[①]。司法游击战、政治压力、实地行动，斗士们将实践和各类策略结合起来，封锁采矿项目。2011年9月，上千名群众集合起来，在白宫

[①] 环境正义组织、债务和贸易联盟构思了一个全球环境斗争地图册，详情可见：http://ejatlas.org。

前面静坐了两周。然而抗议活动被禁止，抗议者中有 1200 人被逮捕，其中不乏名人，比如女演员达丽尔·汉纳。这可能是美国史上最大规模的以环保为目标的民间抗议活动[1]，目的就是阻止大型输油管"基石 XL"项目的实施。该项目能将阿尔伯塔（加拿大）的油砂油输送到亚瑟港和墨西哥湾地区的炼油厂，最终将石油输入世界市场。

这项事业既具地区重要性，又有全球性意义。反对者指出，运输途中的石油泄漏存在风险。例如，石油泄漏可能直接污染奥加拉拉蓄水层、美国大平原主要的饮用水源和内布拉斯加州的大沙丘。批评还不止这些。娜奥米·克莱恩认为，停止输油管的建设属于"禁止油砂进口的政策[2]"。阿尔伯塔的油砂被完全封锁。石油行业主要采用输油管将产品卖到国际市场上，既然难以直接禁止阿尔伯塔的油砂油开采行动，那么只能阻止便利输油的基础设施的建设，并限制采矿的利润。

比尔·麦克基本认为，这是一场关键性的战争：阿尔伯

---

[1] 马克西姆·孔布，《美国向反对输油管建设的群体展现铁腕》，《巴斯塔！》，2011-09-23. www.bastamag.net/Aux-Etats-Unis-bras-de-fer-autour.

[2] 同上

塔的石油储量非常庞大，"一旦完全开采，环保派就输了①"。反对者冒着被严厉控告的风险，毫不犹豫地组成人墙、爬树、占地抗议、接受逮捕。斗争标语是："如果现在不做不可能的事，那么我们不得不面对难以想象的未来！②"美国环保斗士、生态评论作家默里·布克金用这句话引领着环保主义者。他们的确取得了一些成功。尽管石油产业利益巨大，共和党人对"基石XL"项目表示了大力支持，但是贝拉克·奥巴马仍旧在2015年2月24日动用了总统否决权，因此输油管的建设项目遥遥无期。"堵路运动"③的最新目标：促进政府彻底放弃"基石XL"项目，横加阻止公司的"能源东输油管"的建设。"能源东输油管"预计每日可从阿尔伯塔输送110万桶原油到加拿大东海岸。

---

① 伊莎贝尔·帕雷，《比尔·麦克基本，永不言弃的气候斗士》，《责任　》，2015-05-19。www.ledevoir.com/environnement/actualites-sur-l-environnement/440355/plint-chaud-bill--mckibben-activiste-du-climat-jusqu-au-bout.

② 马克西姆·孔布，《美国—"基石XL"项目："如果现在不做不可能的事，那么我们不得不面对难以想象的未来！"》，《阿尔特回声报》。http://journal.alternatives.ca/spip.php?article7333.

③ 北美举行了浩大的运动，反对建设新的运输艾伯塔(加拿大)油砂油的输油管。此后，"堵路运动"一词出现，指的是封锁采矿阵线的多种形式的活动。

建设跨域团结精神的口号:"这里不行,其他地方也不行"

反对页岩燃料的群众运动一下子就具有了国际影响力。原因有三。首先,在美国上映的电影《天然气之国》是最有效的动员工具之一。其次,众多美国企业觊觎着碳氢能源。再次,已经开展过的群众运动往往为正在开展的群众斗争树立了模范典例。因此,人民斗争运动在法国浩浩荡荡地展开,而且促成了魁北克市民的斗争胜利。法国群众很容易就能读到并传播魁北克省的新闻,也可以与魁北克的群众团体建立直接的联系。"这里不行,其他地方也不行"这个口号迅速地传播开去。

法国的碳氢化合物禁令法增强了法国群众运动的国际根基。首先,因为这项法律的通过为众多国家树立了一个典型,表明不开采页岩气是有可能的,也是合理的。面对道达尔在各国(阿根廷、丹麦等)的开采项目,很多地方团体强烈谴责这家法国公司,因为该公司虽然被禁止在法国使用水力压裂法,但是却在国外毫无忌惮地使用。很多法国团体逐渐和国外团体建立联系。很多集会尽可能地举行于重大的国际峰会期间,比如全球水峰会(2012年3月,马赛)、"里约+20"峰会(2012年6月,里约热内卢),以及各场世界社会论坛(2013年3月及2015年3月,突尼斯市)。反对页岩气的欧洲团体联盟也定期举行会议。

这个口号旨在摧毁开采者的美梦

"这里不行,其他地方也不行"不仅仅是一个口号[1]。当然,在法国很多猎人、渔民、农民、旅游业者和居民行动起来对抗页岩气首先是为了保护自己的土地。然而,他们中的大部分人都没有抱着"各人自扫门前雪"的心态,而是高度关注国土整治、能源未来和立法过程。这些反页岩气的群众提出的替代方案将地区和全国、本土和全球紧密地联系在一起,促使空间规划更具政治色彩。这是他们做出的杰出贡献,将摧毁开采者的幻想[2]。虽然后者支配着我们的社会和经济,但是地球不是一个可以无限度挖掘的资源储备库,我们应该学会如何更好地居住在我们共同的家园。

"堵路运动"象征着社会斗争的"生态土地的转变",阿根廷社会学家玛丽斯特拉·斯万帕用这一术语形容拉丁美洲的斗争的发展。该地区的斗争把生态理论融入了当地反抗与

---

[1] 马克西姆·孔布,《让我们压裂水力压裂公司》,环境正义组织、债务和贸易联盟,2012-09。www.ejolt.org/2012/09/global-frackdown-on-fracking-companies.

[2] 马克西姆·孔布,苏菲·沙佩勒,《摧毁开采者的幻想——与玛丽斯特拉·斯万帕的对话》,《运动》,2010-10-28。http://mouvements.info/deconstruire-limaginaire-extractiviste- entretien-avec-maristella-svampa。

替代的实践当中①。土地不能处理生产本位主义、工业化和新自由主义的全球化的垃圾。相反,我们能在土地上建立不同团体之间的跨域团结精神。各团体之间有着明确一致的敌人——那些想扩展开采领域的人和那些对抗气候异常及增强区域间社会经济团结性的人。从这一点出发,我们考虑并尝试走出如今已无法支撑下去的经济、金融和技术模式。任何"我不想要这个项目在我国实施,如果在其他地方,那我不在乎"的自私心态都不被允许:所有土地的保护、推广和弹性②都是一致的。

难道非常规能源热潮没有激发全球民众抗议吗?人们努力保卫土地,阻止化石能源行业的发展,为有效对抗气候异常奠定了基础。

---

① 玛丽斯特拉·斯万帕,《日用品的共识:拉美的生态领土转向与批判性思维》,http://maristellasvampa.net/ archi-vos/ensayo59.pdf.

② 我们把生态系统或者居民适应外在事件或者变化的能力叫作弹性,这些事件和变化能够深入改变环境、经济、社会结构,使之不会消失。

从金融界手中夺回能源

"如果气候是一家银行,那么富国或许早就出手挽救了。"
——乌戈·查韦斯,委内瑞拉共和国前任总统

挖掘化石能源的热潮必然与全球能源消费的增长、能源渠道的竞争和开采所得的暴利紧密相连。但是,金融界在该领域拥有越来越大的控制权也是热潮兴起的原因之一。石油、天然气、煤炭和其他天然资源不仅是我们经济正常运行必不可少的资源,而且还成为了金融资产。人们可以通过金融市场来进行投资和投机活动。

当原材料价格随机浮动时,当能源价格释放的信号无法引导全球经济走向能源变革之路时,为什么让全球化市场来管理化石能源呢?尤其是石油。这些市场既不考虑气候异常的现状,又不关心人类需求。不论从气候角度看还是全球经济稳定性来看,能源领域的金融化给我们的未来带来了重大危机。一个围绕碳的真正的金融泡沫已经形成,我们要做的

是解除泡沫危机。

无价值的价格

观察石油价格最近的变化以及定期的价格突涨,我们可以发现,危险在于人们相信缺乏约束的全球市场足以管理世界能源体系:原材料价格相当不稳定,通常无法反映供需变化,不能与真实的经济需求相符合。金融危机全面爆发,石油价格的变动极其不规律,从2007年的77美元/桶猛增到2008年6月的140美元/桶,在2009年初又跌回50美元/桶,但在2011年4月再次涨到123美元/桶。五年之后,石油价格再次崩溃,重回50~60美元/桶的水平。能源市场的专家们给公众的解释看上去合理:因为开采了非常规能源,尤其是美国的页岩油,加上世界经济增速的放缓,石油供应增加,但是需求的增长却不如预期,导致石油供大于求。

这个解释并没有错。现今,全球石油的大量生产导致每天增加100万~200万桶的过剩石油,其中一部分源于页岩油的开采。2014年,全球每天平均生产石油9250万桶,各国和各个跨国公司储存的过剩石油无论从数量还是储存时间来看都相对有限,事实上仅占全球石油生产量的2%。如果我们相信那些专家的话,认为相对有限的石油过剩造成国际市场上的石油价格的两极分化,那我们就错了。石油价格的波动幅度过大是不正常的，会影响世界整体经济。石油价格稳定了，各政府的经济专家、投资者、公司和个人才能在价格剧烈涨跌时保持信心。

　　石油价格的起伏很大程度上归咎于能源市场的金融化。世界市场上的石油需求量在短期内波动幅度有限，而且能够正确预测出来。因此无论在什么情况下，石油需求的变化都不会导致石油价格在暴跌之前翻倍。价格的变化其实是因为石油进入了金融资产市场。金融界的专家和预测人士忽视了世界能源经济的供应情况。无论在哪个金融市场，他们都使用同一种介入方式，似乎在他们眼中，石油和其他原材料都只是普通的金融资本，与实体经济没有任何关系。因此在2008~2009年的金融危机期间，黄金和石油充当了金融市场的避难资本。金融产品有可能导致金融危机，因此投资者们寻找着风险更小的有利可图的资本，将赌注压在价格上涨的原材料市场上，投入大量资金。最终，原材料价格进入高位时，投资者证明自己押对了宝。

石油是一种普通的金融资本

　　短期内化石能源的需求与价格的相关性不大。石油确实是这样的，但天然气和煤炭一定程度上属于互相可替换的能源。经济学家认为能源需求没有弹性[1]：经济正常运行所需的能源不太可能在中短期内随价格变化而变动。主要是因为与化石能源消费相关的庞大需求是不可替代的，或者可替代性很小：当能源相关商品的价格浮动程度在20%及以上时，一家公司不可能在几天内改变它的生产过程、运输系统、选址或加热方式。但这不意味着化石能源价格的变动不会产生任何影响，而是说明价格的不规律变动令价格丧失了短期的刺激作用。

如果化石能源与实体经济联系不多，那么其价格波动是缺少规范的市场对所有金融参与者和仲裁者开放的结果，尤其是石油的价格波动。现货市场[2]上真正的货物在交割之前进行交易，而原材料的投机活动不仅限于现货市场。

大量衍生市场产生，人们根据市场的情况在货物价格处于低位或者高位时进行投机。近二十年来社会保障基金、银行和其他投资机构受到的管制变少，因此他们渴求这些金融资本。低利率也促使他们用极少的股东权益在该领域进行大额的低价投资。2002年起，投资者们往往增加期货[3]购买量，

---

[1] 需求和销售价格之间的弹性就是需求变化和售价变化的比例。
[2] 我们把外汇和原材料的现金交易市场称为现货市场。
[3] 期货合同是规定一定量商品在未来某个日期和地点进行交割的契约。

期望期货价格上涨。最终,越来越复杂的金融策略决定了化石能源的价格。随着石油价格峰值的提高和大型石油矿床产量的减少,投机行为不断增加,市场的不稳定性越来越强。

能源领域依赖着金融

能源跨国公司过度金融化了。这些公司创建了专门在原材料金融市场上活动的子公司,以获取更多利益。能源挖掘和到达目的的这段过程中,原材料在市场上被无数次交易,成为了能源跨国公司为了分散风险而持有的众多衍生产品的支撑。现货市场上衍生金融产品交易量比原材料交易量更大。经济学家盖尔·吉罗认为,现在的石油衍生市场的资本运作比真正的石油交易市场在金融上重要三十倍[1]。从那时起,相比于原材料的可用量和供应情况、化石能源开采和流通的价格,国际价格更能反映衍生金融资本市场的状况。

重大的能源选择、投资者在能源生产和运输上所作的决定均来源于经济金融仲裁者,而金融业在该领域不断增加的干预影响了仲裁者。然而也有一些科学研究受到能源跨国公司的引导及赞助。投资的选择取决于金融市场要求的回报率,对我们的能源模式存在深刻影响。投资选择不

---

[1] 盖尔·吉罗,《金融幻象》,塞纳河畔伊夫里,工人编辑部出版社,2012。

以整体利益为基石，比如高质量能源服务不向所有人开放，一部分人决定恰当的气候政策。结果，巨额投资进入非常规碳氢能源领域，而能源变革和可再生能源的发展却存在着巨大的投资空洞。

美国页岩油气工业的飞速发展也是金融泡沫的结果：利率极低，大批资金的准入门槛低，因此形成了一个非常不稳定的经济模式。很多分析家认为，页岩油气的开采一定程度上基于一个类似于庞兹骗局的系统[①]：已挖掘的矿井的投资者只有继续投资新矿井的开采才能获得回报。美国的工业家们卷进这场恶性循环之后，只能不停地增加矿井的数量，直到碰到第一次经济动荡，被迫将巨额资本贬值。该领域所有的参与者都必须面对账上的巨额债务，其中很多人本应该卖掉自己的资本：西南能源公司、切萨皮克能源公司（减掉20%的能源储备）、英国石油公司、必和必拓公司。某些分析家认为，350多亿美元因此"蒸发"[②]。结果，切萨皮克能源公司卖

---

① 马蒂厄·奥扎诺，《美国有页岩气泡沫？》，《世界报博客》，石油商，2011-06-30。http://petrole.blog.lemonde.fr/2011/06/30/bulle-de-gaz-de-schiste-aux-etats-unis。

② 《美国页岩气产业出现财务问题，页岩油登上舞台》，《油气杂志》2015-03。www.ogj.com/articles/2014/03/financial-questions-seen-for-us-shale-gas-tight-oil-plays.html。

掉了 100 亿美元的资本以偿还贷款①。

走向欧洲天然气的金融化

欧盟国家是能源消费大国，但缺乏原材料，因此依靠国际市场进行补给。欧盟的依赖性非常强：目前 85% 的国家需要石油，62% 的国家需要天然气，但到 2030 年将分别达到 95% 和 83%。能源生产大国在欧盟能源安全上具有战略性地位，大部分位于中亚、里海地区、北非和撒哈拉以南的非洲。2012 年 2 月，欧盟委员会出台了《2050 年能源路线图》，预计将采取新的互联互通方式②，便利能源的跨境运输，尤其是天然气和电力，以便更好地整合欧洲市场。

相比石油，天然气需要更加复杂、昂贵的运输工具，因此暂时还没有综合的国际天然气市场。将天然气输往各个使用国的同时，能源领域的专家通过长期（二十年到二十五年）的"照付不议合同"控制了欧洲的进口天然气：一家公司如购买挪威、俄罗斯、阿尔及利亚、卡塔尔等国（欧盟国家主

---

① 法新社，《美国：北美天然气和石油产业的持续重组》，2015-09-12。www.romandie.com/news/n/_USA_la_recomposition_continue_dans_le_gaz_et_le_petrole_nord_ameri- cains89120920121822.asp.

② 欧盟委员会，《2050 年能源策略》，https://ec.europa.eu/energy/en/topics/energy-strategy/2050-energy-strategy.

要的天然气供应商）生产的天然气，那么也需要承担风险，不管有没有使用都必须支付合同所定的天然气总量的金额。"最终目的地"条款禁止运输公司将所购的天然气转售给其他运输公司。国家及地区的天然气分销商不能交易所持的天然气，市场相对隔绝。尽管天然气价格往往按照油价指数计算，但各国之间的价格有很大的不同[1]。

为了增强天然气市场的竞争，促进市场整合，欧盟不仅取消了"最终目的地"条款，还分离了天然气运输公司和分销公司，前者管理输气管，后者将天然气卖给消费者。欧盟希望逐渐减轻长期合同的分量，以便建立一个完善的欧洲天然气市场，正式增强欧洲能源安全性。促进天然气贸易所需的基础设施的互联互通，使其与金融设施相适应，需要付出很多努力。天然气的存储和贸易将对所有参与者开放，包括投机商。后者从此将可以随时参与天然气市场。银行和养老基金会也能参与欧洲某些输气管的销售，以便获得更多自由来直接参与天然气市场。

现货市场的扩大能够帮助天然气获得与其他产品一样的商品地位，天然气可以为所有类型的衍生产品形成的复杂金融设备奠定基础。这一现实将把欧洲天然气数量和价格的管

---

[1] 克里斯多夫·德弗耶,《欧洲的天然气：在市场自由化的地缘政治之间》,《流动》, 2009-01:75。www.cairn.info/zen.php?ID_ARTICLE=FLUX_075_0099.

理权移交给金融市场,而不是公共调节部门,由此增强了自然能源的金融化程度[①]。欧盟委员会不仅放弃调节权力,还预测欧洲天然气消费会增加,没有表现出减少温室气体、发展可再生能源的意愿。

欧盟委员会所想的与欧盟的能源项目所表现的存在着冲突。欧盟委员会最近的一则报告显示,欧盟将会在新的能源基础建设上投入大量资金,尤其是天然气领域[②]。这个目标显然与2050年前走向去碳化经济的目标相悖,报告中也提到:在2015年建设新的化石能源基础设施的决定意味着这些设施在2020年或2025年之前不可能投入使用,或许在2050年后才会开始使用。这个导向将导致能源体系强烈依赖化石能源,把本来可以促进能源变革的投资浪费在化石能源上。欧盟委员会似乎并不想走出化石能源,在那份报告中,委员会认为"采自非常规矿源的石油和天然气,比如说页岩气,对于欧洲来说是一种出路"。欧盟给我们带来了双重煎熬:更多针对化石能源的金融市场。

[①] 彼得·波尔德,唐拉·吉尔伯特森,安东尼奥·特里卡里科,布鲁塞尔,罗莎卢森堡基金会,《锁定天然气:欧盟现行政策》,2014。http://rosalux-europa.info/userfiles/file/Natural-gas- lock-in.pdf.

[②] 欧盟委员会,《"能源联盟"的一揽子计划》,2015-02-25。http://eur-lex.europa.eu/resource.html?uri=cellar :1bd46c90- bdd4-11e4-bbe1-01aa75ed71a1.0003.03/DOC_1&format=PDF.

避税天堂的能源集团

能源需求不变，价格效应完全与生产力发展无关——价格提高而生产要素的生产力没有改善——因此原材料价格高时，跨国公司和原材料生产国积累了大量流动资金。众多金融活动者受到现钱的吸引，投入大量资金，利用价格起伏进行投机活动，获取流动的有收益的金融资本。能源公司也广泛地参与到金融投机当中。

为了获得金融全球化的最大利益，为了满足股东对毛收益率和净收益率的要求，能源公司在全球所有的避税天堂都建立了分公司。非政府平台"公布你的花销[1]"表示，十家主要的石油、天然气和矿产公司（艾克森美孚、雪佛龙、壳牌、英国石油、力拓、嘉能可等）拥有六千多家分公司，其中三分之一以上位于避税天堂。例如，雪佛龙62%的子公司都建于避税天堂，主要分布在百慕大群岛和巴哈马。英国石油公司和壳牌集团在避税天堂分别拥有超过450家的分公司[2]。道达尔出于对透明性的担忧，称自己在这些同样的地方拥有18

---

[1]《管道利润》，"公布你的花销"平台，2011，www.publishwhatyoupay.no/pipingprofits.

[2]《英国一流公司被谴责大量使用避税天堂》，《卫报》，2013-05-12，www.theguardian.com/uk/2013/may/12/uk-companies-condemned-tax-havens.

家公司，但实际上是78家①。避税天堂能够进行转移定价，在交易量和日期上做手脚，也能改变贸易盈亏的所在地区。重税压力下的企业做这一切都是为了尽可能地少交税。

能源企业成为了股票指数中的重头企业。天然气和石油行业占英国富时100指数的股票估值16%以上。英国富时100指数是伦敦证券交易所中前一百家最具资本实力的英国公司的股价指数。而这两个行业则占了巴黎CAC40指数的近14%。这些估值高于这些行业在国家经济中所占的份额。当能源价格达到顶峰时，这些公司在股票指数中的分量更加突显。如果再算上一些需要大量能源来进行生产的公司（化学、汽车行业等），我们发现，经常成为新闻头条的股指与化石能源的联系极为密切②。我们需要自问，这些指数是否能够正确反映地球上正进行的气候犯罪的发展呢。

金融市场上永远有更多能源

根据标准经济理论，一家公司的市值取决于两个因素：

---

① 奥利维耶·珀蒂让，《避税天堂：道达尔透明性行为的限制》，《巴斯塔！》，2015-03-10，www.bastamag.net/Total- devoile-la-liste-de-ses-filiales-dans-les-paradis-fiscaux-Paradis-fiscaux.

② 数据来自2℃投资倡议报告《最佳多样化和能源变革》，2014-11，http://2degrees- investing.org/IMG/pdf/-2.pdf?iframe=true&width=&height.

未来预期收益和相关的金融风险。化石能源开采公司的股票估值与未来维持（或增加）产量的能力密切相关。市场参与者尤其关注公司在年底公布的能源储量水平，以及公司为了替换成熟或濒临枯竭的矿床而新建立的项目。

需要指出的是，他们从近期的历史中意识到这一领域的金融重要性。2004年1月，壳牌承认该公司真正的能源储量比公布的少20%。一周内，壳牌股价下跌10%，40亿美元突然蒸发。这一事例表明，大型石油公司的储量对股票估值的贡献率占到了近50%。相关领域的专业公司都知道这个数据，如麦肯锡和碳信托公司[①]，石油或天然气公司一半的股票估值取决于未来11年的平均预期收益。而每家公司为了维持一段时间内的生产力而持有的能源储备则深深影响着公司的预期收益。

根据财务报表和探明储量，能源公司在年末可以称，投资者建立了对能源公司的信心。从储量和年产量的比例可以计算出该公司在现有速度下的生产年数。非政府组织"碳跟踪系统"的计算显示，壳牌的生产——储量比例得出的年数

---

① 碳信托，《气候变化是一次商业变革吗？定位气候变化如何创造或毁坏公司价值》，2008，www.carbontrust.com/ media/84956/ctc740-climate-change-a-business-revolution.pdf.

稍高于 11[①]，而英国石油公司则为 13 年。这些能源储备在开采前就变成了金融资本，而金融系统负责使其增值。

能源储备和许可证的投机活动

跨国公司每年投资几百亿美元（壳牌投资数超过 250 亿，英国石油公司投资近 200 亿），以维持能源储量，防止其下降。或许这个数字也不是太大。能源公司和它们的投资者疯狂打赌，认为新投资和新技术增加的能源可开采量或新矿床能够满足每年的消费需求。

能源领域的大公司为了保证公司股价的稳定，全方位勘探，希望找到尚未开采的矿床，也包括小矿床。这些公司或对特大型矿床进行直接投资，或购买小型勘探公司的许可证，但是小公司公布的储量有时候不能确定。因此小型石油或天然气公司发现了财源，其中很多家公司——尤其是刚成立不久的企业——定位于小型矿床的开采并擅长这一领域，包括那些尚未开采或开采不够深入的地区。获得新的勘探许可证对这些公司非常重要，无论真正勘探出什么结果，它们都要将新矿床的价值发挥到最大。如果最初的勘探结果不是太糟

---

① 碳追踪倡议，《不可燃碳，全球金融市场正顶着碳泡沫？》，2014-09。www.carbon-tracker.org/wp-content/uploads/2014/09/Unburnable-Carbon-Full- rev2-1.pdf.

糕，那么投资者们就会认为媒体提到的"已探明"的能源数量是值得开采的，小型公司也能将它们的许可证卖给更大的公司来获得利益，因此后者希望增加年度报表上显示的能源储量。我们在开采新矿床时尽力避免风险，金融市场和投资者对碳氢化合物的数量要求也说明了这一点。

碳泡沫是一个金融泡沫

石油、天然气和煤炭公司的市值和股权收益的短期稳定意味着这些公司将会完全无视环境，毫无限度地进行新的探勘和开采活动，这一点也鼓励了刚成立的新企业。这些公司形成了一个结构上的气候变化怀疑论领域，领域中的股票、金融和经济的刺激与冻结化石能源的气候目标形成冲突。

我们现在面临着一个问题。这确实是一个气候问题，但也是一个金融问题：石油、天然气和煤炭企业的市值的很大一部分建立在能源资本的基础之上。这些中短期内本应该留在地下的能源资本会让地球变得不宜居住。这就是一个金融问题，因为这些能源储备在几十年内是无法开采的，其金融价值等同于零。但是金融市场却认为这些储备能源的价值高于零，那么泡沫就形成了，赋予能源资本原本没有的价值。全球的"碳泡沫"有可能转变为金融泡沫。

这是一个严峻的金融问题，根据"碳跟踪系统"的数据，两百家较大的化石能源公司的市值达到近 4 万亿美元。汇丰银行的一项研究显示,符合政府间气候变化专门委员会主张的政策一旦实施,将会导致上述公司的市值减少40%~60%[①]。这个金融泡沫也成为了一个政治和经济难题:能源行业的市值两极分化,并不是一种边际调整。这个问题会引发极大规模的金融危机,对实体经济造成严重后果。而最好的办法就是避免碳泡沫。

这个泡沫不一定会爆裂,主要因为碳可能会释放在大气中。投资者和金融市场对这个结果非常满意。尽管他们满意了,但是地球对于大部分人而言将不再适合居住。投资者不包括在内,他们或许会足够富有,不用考虑气候异常问题。我们可以拥有运营良好的石油公司,或者拥有一个健康宜居的地球。当我们了解现状时,我们会意识到鱼与熊掌不可兼得。

化石能源的去投资化

基于这些推理和计算,一场浩浩荡荡的化石能源去投资化的运动正在成型。这场全球性运动以环保为名义,目的在于取消化石能源投资,获得了一定的成功,促使大学、社会群体、宗教组织、银行、投资机构抛弃化石能源,为清洁可再生能源的发展提供更多金融帮助。化石能源产业被比尔·麦

---

① 汇丰银行,《回首油和碳:不可燃能源储备的风险价值》,2013。

克基本称为"流氓产业"①，被视为"我们文明延续的头号敌人"，应被列为危险品。最近几年，比尔·麦克基本和他的350.org运动呼吁人类不要在化石能源领域投入大量资金，尤其借助"算一算"活动获得了不小的成果。他的逻辑非常简单：如果要维持气候稳定，就不应该从摧毁气候中获益。

在学生、市民、股东、大学以及养老基金会的压力下，私募基金和当地团体与化石能源公司划清界限，后者被认为过于依赖本不应该开采的能源。2015 年年中，220 多家机构保证会停止对化石燃料的投资，涉及金额超过 1 万亿欧元。他们承诺会将这笔钱用于能源节约和可再生能源领域，甚至是投入当地的能源生产项目之中②。这些机构包括了斯坦福（美国）、爱丁堡、格拉斯哥（英国）、隆德（瑞典）甚至伯克利、奥克兰、帕罗奥图、旧金山西雅图（美国）和牛津（英国）的大学。据英国日报集团《卫报》称，挪威的主权财富基金是全球市值最高的基金。在法国，巴黎市议会和法兰西岛大区同意支持化石能源的去投资化。2015 年 2 月 13 日和 14 日是最早的"世界去投资化日"。

目前，某些投资者也自发参与到这场市民斗争运动当中。

---

① 比尔·麦克基本的访谈《无赖的产业》，《绿建筑》，www.greenbuildermedia.com/rogueindustrymckibbeninterview.

② 去投资化运动名单：http://gofossilfree.org/ commitments.

例如，一个由70家投资商组成的拥有三万亿美元金融资本的全球性集团指责45家大的石油、天然气、煤炭和电力公司开展危害环境的商业活动[1]。该集团根据这些采矿公司的最大碳排放量来重新评估它们的商业模式。加利福尼亚公务员养老基金的总经理称，他们公司需要"能够反映现状的稳定的长期策略""不可能投资气候灾难"。

如果没有广大的群众运动，去金融化不可能形成如此规模。该过程也受到了德斯蒙德·图图的支持。这位南非大主教曾经获得过诺贝尔和平奖（1984年），他从种族隔离的抵制运动中受到启发，呼吁组织一场抵制化石能源工业的运动[2]。他认为"投资那些损害我们未来的企业是没有道理的"，因此提倡"与资助气候异常而形成不公平的企业断绝关系"。德斯蒙德·图图以种族隔离为例，称去投资化对于有效抵制化石能源而言是至关重要的一步，尽管众多顽抗者并不乐意，但我们仍然应该创造条件实施能源变革政策。牛津大学一项研究显示"化石能源去金融化运动对企业的谴责，这是该领域

---

[1] 瑟瑞斯，《2013年碳资产风险倡议投资签署国》。www.ceres.org/files/car-mats/car-release/carbon-asset-risk-initiative- investor-signatories-as-of-october-2013/view.

[2] 德斯蒙德·图图，《我们需要种族隔离式的联合抵制来拯救地球》，《卫报》，2014-04-10。www.theguardian.com/commentisfree/2014/apr/10/divest-fossil-fuels-climate-change-keystone-xl.

的企业必须面对的最严重的威胁"[1]。而且,"相比之下,去金融化的直接影响简直微乎其微"。因此能源企业的社会合法性正在逐渐减弱。

银行的合法性也是如此。银行为煤炭、天然气和石油项目带去了金融支持,因此处于压力之下。2015年4月,十一家国际银行——包括汇丰银行、巴克莱银行、摩根斯坦利——承诺不再投资澳大利亚西北部的伽利略盆地的大型煤矿的开采项目。为了阻止这个地区成为世界上第七大温室气体排放源,一批生态学家和反全球化斗士在澳大利亚、欧洲和北美洲开展了一场激烈的运动,打击那些通过金融方式来危害气候的项目。为了阻止这些项目的实施而冻结资金的策略已经被认可了。当尚未从化石能源领域抽身的银行的压力增大时,尤其是澳大利亚的银行,国家政府在该策略的引导下,试图阻止公共基金流向化石能源。

从金融界魔爪下夺回能源未来

金融界在化石能源的开采和管理上具有越来越重要的地

---

[1] 阿蒂夫·安萨尔,本·考尔德科特,詹姆斯·蒂尔伯里,《搁浅资产和化石燃料的撤资运动:撤资对化石燃料资产的意义是什么?》,史密斯企业与环境学院,牛津大学,2013-10。www.smithschool.ox.ac.uk/research-programmes/stranded-assets/SAP-divestment-report-final.pdf.

位，我们将能源和气候的未来交给了世界市场，但世界市场根本不会考虑气候异常和环境恶化的局限性。化石能源去投资化的全球运动以及直接针对金融机构（私人银行、多边银行、发展投资机构）的群众运动显示了金融业在能源领域的优越地位并不是必然的。这场运动也标志着，能源领域的投资不仅是金融管理或经济效率的问题，还是一个根本的政治问题：跨国公司、金融活动者和银行负责能源管理，会限制公共权力，避开气候要求。为了走出化石能源时代，我们应该从金融界的魔爪下夺回能源的未来。

我们可以考虑很多措施，但这些措施并不能涵盖所有。"碳跟踪系统"等机构认为，最好组织现有的金融市场，使其能够共同应对碳危机，即气候危机。在"碳跟踪系统"的最新报告中，该组织提出了市场调节机构可以采取的四项措施[1]：要求企业公开所持能源的储量和这些能源的温室气体排放量；公开他们的能源和温室气体排放量的富集程度；评估无法开采的能源对金融市场和经济体系带来的系统性风险；为了预防碳泡沫破裂而引入一些维持金融稳定的措施。

"碳跟踪系统"的建议旨在改善金融市场的职能，为其提供有关环境危机的更好的信息。毫无疑问，在这些建议的帮

---

[1]《不可燃碳：全球金融市场正顶着碳泡沫？》

助下,投资者、市场活动者以及广大群众均能够更好地了解和分享有关化石资本和所受危机的信息。然而在2008年金融危机之后,金融领域的透明化进程让人意识到,这些措施不足以避免所有化石能源的开采活动以及随之而来的气候混乱。

走向冻结的资本

关键在于规模。无论从危机引发的金融不稳定的角度来看,还是从气候异常的角度来看,这些危机都属于系统型危机。我们需要冻结这些能源,以防它们出现在能源企业的预算和报表中:能源不应继续作为某种金融活动的基石,或者为计算市值、贷款、投资等活动负责。

要避免开采这些能源,跨国公司和投资者们就不应该以此来牟利。他们会继续开采,因为这个欲望实在太强烈了。如果能源资本贬值到无利可图,他们就会停止开采活动。我们提及冻结的资本时会说到"搁浅资产"[①],因为这些资本在一定程度上已经被遗弃了。一个巴掌拍不响,我们应该卸下金融的武装,要求有能力的公共调节机构来冻结气候危机。

增强可再生能源的竞争力,提高其普及程度,结束对化石能源的补助,保证对抗气候异常的政策长期有效,以上措

---

① 搁浅资产用于金融领域,形容失去价值的投资和资产 www.novethic.fr/lexique/detail/stranded-asset.html.

施能够将化石能源领域的资产转移到有关能源变革的领域。然而，我们不能等着投资者意识到可再生能源比化石能源更加盈利，然后从口袋和金融套利中拿出化石能源的资产。

卸下金融的武装

在去投资化运动和抵制化石能源公司运动的基础之上，我们有可能走得更远。第一步直接涉及到金融市场。禁止金融衍生产品或者以能源计价的金融产品是从战略高度实行气候政策的要求：我们怎么能够接受用能源和未来去投机的行为呢？毫无疑问，我们同样可以考虑一些措施，既能限制对化石能源开采活动的投资，又能够与分配给各公司的碳预算相兼容。此举在于再次在金融体系的核心当中引入物理限制——限制可开采的最大能源数量。这个金融体系运动到现在，似乎忽略了地球自然资源的有限性。

能源去金融化的第二步在于广泛的群众运动，将任意矿床的探勘和开采权从企业手里收回来。加强地区、国家和国际层面的温室气体排放的规范，能够阻止某些化石能源储备的开采，封锁这些金融资本。所有管理条例更细致地规定了化石能源的开采条件（禁止某些技术，针对水、土壤、大气的污染的规定更加严格，尊重当地居民的权利），同样能够促进能源去金融化。

这些措施非常必要。但是去金融化的终极武器是众所周知的：不再颁发勘探和开采许可证，取消某些许可证，禁止某些地区的开采活动。法国页岩气开采的经验告诉我们，取消许可证后，相关能源储备在金融市场上或者对该领域的其他活动者而言就失去了价值。这是我们要走的道路。人类应该从政治上和金融上支持那些有助于让石油留在地下的社会、政治和民间创举。因为这些创举既让化石能源留在地下，同样也能将我们能源体系的未来从金融界的魔爪当中夺回来。

在自由贸易和气候之间抉择

国际分工就是指一些国家专门营利,另一些被迫蒙受损失。我们这个地区如今被称为拉丁美洲。很早以前,当文艺复兴时期的欧洲人扬帆远航来征服这块土地时,拉丁美洲就开始过早地沦为遭受损失的受害者。

——爱德华多·加莱亚诺 《拉丁美洲被切开的血管》1971年

气候还是自由贸易,必须选择

让我们来畅想一下。想象一下,如果世界上某个国家选出了一个希望有效对抗气候变化的政府。这个设想目前还无法实现,仅仅是一个幻想。再想象一下,如果各个协会、非政府组织、市民团体、国家工会考虑到将三分之二到四分之三的化石能源留在地下的科学建议,决定将走出化石时代的要求贯彻到每一个人身上。这些非政府组织、市民团体和工会坚定不移地支持具体的替代能源,反对能源企业,在当地举行抗议活动，阻止非常规碳氢能源的开采项目，参与广泛的化石能源去金融化活动和可再生能源投资的推广活动。它们在公共讨论中施加了压力，力图将经济游说集团及其同伙边缘化。

在这种群众运动的基础之上，这个前所未有的政府深信气候问题的紧迫性和从战略高度解决问题的必要性，开始对领土上所有的化石能源勘探的新项目实行禁令。虽然这个政府无法颁布法令，迅速退出化石时代，但不会囿于对能源的过度依赖之中。为了启动能源变革，拒绝用进口的化石能源代替被冻结的国产能源，这个独特的政府随后决定把能源企业、能源开采者和销售者融入一个创造出的公共管理体系当中，将雇佣劳动者和其余人群联合起来。这一决定保证该领域的劳动者的社会公平、职业质量和职业安全，能有效地方便这个商业化领域的转型，保证走出化石能源的变革。

为了推动可再生能源的发展，促进化石能源相关领域的劳动者的再就业，政府会保证给使用当地劳动力和原料的企业一个优惠电价：这个政策保证了高质量的劳动力，促进当地可再生能源的发展，满足人民需求。对于承诺只供应当地产品和低排放量的企业，政府用心良苦，为了鼓励整个生产行业变得更加环保，也会将公共市场（供应、基础设施建设、集体食堂等）留给这些企业。最后，政府还会要求外来投资遵守本地的标准和限制，以便减少温室气体的排放量，开启真正的能源变革。

回归现实——跨国企业攻击了各国

不与国际贸易规则进行彻底的决裂，这些措施就难以实施。如果这个国家不是朝鲜，那很有可能已经签署了贸易或投资协定。这些协定以这样或者那样的形式禁止以上提到的措施。事实上，涉及到贸易和投资的国际规则会禁止、限制或者妨碍虚拟政府做出的每一项决定。而且还会用国际贸易权利的法律原则来审查以上提到的每一项措施。

群众运动和魁北克政府针对页岩气开采实施的限制阻碍了加拿大孤松资源公司的发展，因此该公司要求收回投在加拿大的2.5亿美元[1]。原因是魁北克政府的决定有可能"任意地、任性地、非法地取消了珍贵的油气开采权"。该公司确认，政府的行为"缺乏公共利益的基础"。限制化石能源的开采可能是一个"任性的"决定，但却是以对抗气候异常的紧迫性为理由。孤松资源公司认为对抗气候异常就是一个任性的行为。孤松资源公司本可以向加拿大传统法院上诉，但它更倾向于利用驻于避税天堂——特拉华州（美国）的子公司进行上诉。

---

[1] 阿塔克，《对水力压裂说不！》，2014-03-06。http://france.attac.org/nos-publications/notes-et-rapports-37/article/non-a-la-fracturation-hydraulique.

因为北美自由贸易协定第十一章规定，如果一家公司认为某个国家的决议损害了该公司的利益，就可以起诉该国。得益于该项自由贸易协定中的投资者——国家争端解决的相关条例，孤松资源公司能够打击有助于对抗气候异常的决议。私人法庭的仲裁员还未做出决定，但是一旦孤松资源公司胜诉，那么它获取巨额利益的权利就比公众的饮水权利和群众对页岩气开采等项目的反对权更加重要。

在相同机制的基础上，加拿大横加公司希望建造基石XL输油管，以便将阿尔伯塔省的油砂油输送到阿瑟港（澳大利亚塔斯曼尼亚州）的炼油厂。奥巴马总统不允许建造这条输油管，因此该公司打算起诉美国政府[1]。面对美国巨大的能源需求，阿莱纳预计美国和加拿大之间的能源贸易不存在任何限制。贝拉克·奥巴马的决定可能被视为两国能源贸易的一项令人难以接受的限制，也将受到输油管倡导者的攻击。政府和地方行政机构拥有管理的合法权利，但是跨国公司获得的特许权会极大地限制和削弱这种合法权利。跨国公司希望通过欧盟—加拿大综合经济与贸易协定和跨大西洋贸易与投资伙伴关系协定普及这种仲裁机制。当仲裁法庭允许跨国公

---

[1] 阿莱纳·朔尔，《北美自由贸易区的幽灵常常出没于基石裁决周围》，《政客》，2015-02-26。www.politico.com/story/2015/02/keystone-pipeline-nafta-115511.html。

司在气候异常面前以合法方式攻击某个国家时,后者其实处于劣势。

同样地,因一些气候原因将私人企业收为国有,明显违反了国际协定,因为国际协定禁止部分或完全的征用行为:投资者的权利比对抗气候异常的战役更为重要。

对抗能源变革的商法

支持可再生能源发展的政策也受到国际贸易规则的限制。加拿大安大略省的一个项目能保证向使用当地劳动力和技术的企业提供优惠的光电或水电。这项措施明显有利于在当地设立公司的企业,而非国际投资者。同时该措施也促进了当地劳动力和产品的自给自足,减少进口。在此措施下,该地两年中增加了两万多个就业岗位,预计未来可达到五万。日本和欧盟代表着他们各自私人公司的利益,向世界贸易组织的争端解决机构起诉该项目。争端解决机构认为安大略省违反了"国民待遇"原则,没有给予跨国公司与当地企业同等待遇,因此安大略省必须放弃这个项目。此举将会取消上千万个岗位,阻碍当地可再生能源的发展。照这个逻辑,美国也攻击了印度。一切都正在发生。

最后一个例子有关公共市场和外来投资。很多经济全球化引发的案例都会在此提及。公共市场是强有力的手段,能够构成和引导国家的生产体系:公共利益决策者会根据提出的关键问题，通过调控来帮助某些经济领域和某些生产过程。那么问题来了，为了捍卫公共利益、对抗气候异常，国家和地方行政机构能够引导公共市场的交易吗？

当行政机构需要公司负责供应设备（设备器材的购买或租用）、施工（房屋或土建）或者提供服务（实体或者非实体）等政府无法直接插手的领域时，公共市场就形成了。公共购买经济观察组织最近的数据显示，仅公共管理机构一项，法国公共市场的金额在2013年就达到了715亿欧元，占国内生产总值3%①。其他类别的总金额占了国内生产总值9%到10%。法国公共机构的外包项目不多，所以比例低于欧洲平均水平（所占比例约为17%）。

很早以来，跨国公司和自由投资及贸易的拥护者就盯上了公共市场这块肥肉。公共市场长期被视为从属于国家主权。在始于1986年的《关税与贸易总协定②》的最后一轮协商中，公共市场通过《公共市场多边协议》而进入国际贸易法的范围。这项协议促使各成员国"在所有国家经济活动中的一个最重要、

---

① 公共采购经济观察组织，《公共市场秩序的不同估算》，2015。www.economie.gouv.fr/daj/oeap-differents-chiffrages-commande-publique.

② 1947年10月30日，23个国家签订《关税与贸易总协定》，旨在统一签约国的关税政策。《关税与贸易总协定》最后一轮协商（1986年到1994年，乌拉圭回合谈判）达成了马拉喀什协定，同意建立世界贸易组织。

最具活力的领域中尊重某些有关透明性、竞争和完善管理的规章制度①"。一系列针对公共市场自由准入、候选国平等待遇和公共资金使用控制的指令将上述约束扩展到了欧洲范围。这些指令大大削弱了公共机构的自主性,增强了私企的权利。

  理论上,在草拟招标文件的时候引入质量标准和本土化标准是有可能的;立法者可采用同样的方式实行一些措施,规定在本地投资的企业使用本地原料和劳动力的最低标准,要求企业与当地或本国企业家合作,或者要求它们公开对某种技术或操作模式所持的知识产权,在当地推广自己的专业技术。如此多的措施都能把企业改造成环保企业,支持当地的经济活动。但这些措施都被认为阻碍自由贸易,限制外来投资者的自由,因此被禁止了。

  2014年5月和7月一家美国媒体泄露的文件②指出,《跨大西洋贸易与投资伙伴协议》的谈判框架中会强化这些限制

---

  ① 世界贸易组织,《政府采购协定》,2013。www.wto.org/french/thewto_f/minist_f/mc9_f/brief_gproc_f.htm.

  ②《跨大西洋贸易与投资伙伴协议——原材料和能源无纸化》,2013-09-20。https://france.attac.org/IMG/pdf/ttipenergyrm_nonpaper.pdf.

性条款[1]。

《跨大西洋贸易与投资伙伴协定》（TAFTA）和《综合经济与贸易协定》（CETA）增强了对化石能源的依赖

只要看看《跨大西洋贸易与投资伙伴协定》和《综合经济与贸易协定》的谈判是怎么进行的，我们就能知道自由贸易和拓展投资者权利的政策是如何推动一个严重依赖化石能源开采、加工和运输设备的不可持续的经济模式。这种经济模式打击了人类对抗气候变化的志向。尽管上述经济模式在气候面前缄默不语，但是欧盟委员会在欧盟成员国授命下组织的协定谈判在原材料贸易方面的立场是十分清晰的：委员会必须"保证能源贸易环境公开、透明、可预见，保证能够无限制地持续地获得原材料[2]"。而且，"允许欧洲国家进口美

---

[1] 阿梅莉·卡诺纳，马克西姆·孔布，《有了跨大西洋贸易与投资伙伴协议，欧盟和美国破坏了气候和变革》，阿塔克，2014-05。https://france.attac.org/se-mobiliser/le-grand-marche-transatlantique/article/avec-le-tafta-l-ue-et-les-etats.

[2] 此轮谈判开始一年多后，2014年10月，欧盟成员国最终撤销了谈判内容的密级。欧盟理事会，http://data.consilium.europa.eu/doc/document/ST-11103-2013-REV-1-DCL-1/fr/pdf.

国的能源和原材料[①]"。就像上文的泄密文件所示,欧盟希望取消美国对天然气和原油出口的限制,大幅提高对欧洲的能源供应。这一系列条款也便利了大西洋两岸的投资,以及外企勘查、生产碳氢能源许可证的颁发。

法国和德国明确地实施了这种方法。它们推脱说,与俄罗斯的外交危机体现在了寻找替代俄罗斯天然气进口的新出路的紧迫性。从气候要求的角度来看,这是一种令人无法接受的论据,问题不在于用另一种化石能源代替这一种,而是从绝对意义上减少所有化石能源的消费。如果美国接受了欧盟的要求,那么就会促进北美油气工业拓展油砂油的开采前线,拓宽水力压裂法的使用范围。这些油气要输送到大西洋的另一端,就需要巨额投资——几千亿美元——注入到大西洋两岸的新输油管、炼油厂、液化厂和再汽化厂的建设当中。这些会降低欧洲对能源变革政策的投资能力,增强欧洲经济未来几十年中对进口化石能源的依赖。

国际贸易增加温室气体排放量

商品贸易对气候异常的消极影响是巨大的:货运的温室

[①] 前欧盟贸易专员卡雷尔·德古特的声明,http://trade.ec.europa.eu/doclib/press/index.cfm?id=1028.

气体排放量占了全球总排放量10%[1]。考虑到商品多样化、生产分散化和交易量膨胀式发展的影响，某些专家估计，贸易全球化带来的排放量占温室气体总排放量的20%以上[2]。不管哪个季节，跨越千万公里把草莓运到目的地，并把英国饲养的猪运到德国宰杀，在送到法国销售前又返回英国加工。

但是，谈到贸易就不能不说说气候。欧盟委员会参考的针对该主题的影响研究的立场是非常明确的：跨大西洋的贸易自由化会加剧温室气体的排放。排放量的增加与对抗气候变暖的斗争相矛盾，尽管增加量有限，但是足够让我们放弃这些协议的谈判了。然而欧盟委员会和欧盟成员国并不是这么想的。难道它们不是精神分裂者吗？一边继续实施能够增加排放量的自由贸易政策，一边又希望对抗气候变暖。

《跨大西洋贸易与投资伙伴协定》（TAFTA）和《综合经济与贸易协定》（CETA）破坏了对抗气候异常的斗争

---

[1] 米歇尔·萨维，《全球货运和气候变化》，巴黎，法国文件出版社，《报告和文件（策略分析中心）》，2010。

[2] 格伦·彼得斯，埃德·赫特威希，《体现在对全球气候政策有影响的国际贸易中》，《环境科学和技术》，2008:42（5），p.1401-1407。引用梅迪·阿巴斯的《自由贸易和气候变化："互助"还是分歧？》，《发展中的世界》2013-02:162，p.33-48。www.cairn.info/ resume.php ?ID_ARTICLE=MED_162_0033.

当各国准备限制排放量时，自由贸易新协定的谈判会破坏这些美好的愿景。2014年9月底，欧盟委员会和加拿大宣称，双方的贸易谈判已经全面完成。几天之后，欧盟拒绝缩减油砂油的进口量[①]。为了达到这个结果，加拿大总理史蒂芬·哈珀与石油公司联合，对欧洲政策负责人施加更多外交压力，让涉及碳氢燃料质量的欧盟指令无法影响加拿大石油对欧洲的出口[②]。他赢了。法国政府认为协议"很好"。当涉及到贸易和投资自由化时，气候要求便退至第二位。欧盟和法国促使加拿大增加温室气体排放，而且加拿大政府决定背弃《京都议定书》，不遵守其减排目标。在《跨大西洋贸易与投资伙伴协定》和《综合经济与贸易协定》的面前，规范或减少化石能源进口与消费的标准并不受欢迎，而且被视为亟待取消的规则式重负。

国际贸易让二氧化碳排放消失了

通过国际贸易，二氧化碳排放并入国家间流动的货物或服务之中。根据一些研究，这类二氧化碳排放占全球总排放

[①] 苏菲·沙佩勒，《重污染碳氢燃料：石油游说集团取得胜利》，《巴斯塔！》，2014-10-08。www.bastamag.net/ Carburants-polluants-une-premiere.

[②] 地球之友，《油砂：受游说集团威胁的新条例》，《巴斯塔！》，2014-07-17。www.amisdelaterre.org/Sables- bitumineux-une-nouvelle.html.

量28%。1990年,这个比例仅为18%[1]。在很长一段时间内,国际贸易增长速度高于全球生产总值的增速,与贸易货物相关的碳排放量增长速度高于全球排放量的增速:2000~2008年间,前者增长速度为每年4.3%,而后者为每年3.4%[2]。有一些国家出口量大于进口量,形成积极的贸易平衡,那么在碳排放量上也是如此,存在碳净出口国家和碳净进口国家。发达的国家是主要碳净进口国。而中国则是碳净出口国,碳排放出口量占总排放量的27%。如果依据现有的各国碳排放量的评估方式进行估算,那么这些出口的碳排放量并不多。因此,据官方统计,法国的碳排放量在2000~2010年间减少了7%(欧盟给出的数据是6%)。但是如果我们把进出口中包含的碳排放量也计算进去,那么这一时期法国的二氧化碳排放量实际增加了15%(欧盟给出的数据是9%)。因此,通过国际贸易,众多富有的发达国家的碳足迹呈减少的趋势,因为有一部分排放量算入别国,因此这一部分碳足迹消失了。而

---

[1]《进口的排放量,全球贸易的非法之路》,《气候行为网络报告》,2013-04. www.rac-f.org/IMG/pdf/EMISSIONS- IMPORTEES_RAC-Ademe-Citepa.pdf.

[2] 格伦·彼得斯,简·米克斯,克里斯托弗·韦伯,奥特马·艾登霍夫《1990年到2008年通过国际贸易进行的排放量转移的增长》,《美国科学院院报》,2011. www.pnas.org/content/early/2011/04/19/1006388108.abstract.

这里指的别国往往是低排放的贫困国家。正因如此，国际贸易让很大一部分与富国居民消费相关的碳排放消失了。

贸易法高于环境法

作为一种强有力的管理规范，贸易法已经实施了，法庭能够作出制裁决定，质疑国家的决定。但当涉及到劳动法、社会财富或者在健康环境中的生存权时，现行的惯例和国际组织却无能为力了。环境问题在国际市场上的重要性并非偶然，已经通过众多国际文件逐渐成型了。早在1971年，《关税与贸易总协定》中负责撰写斯德哥尔摩大会前景报告的秘书长就指出生态问题和贸易自由化中可能存在的争议，并认为"污染会阻碍国际贸易的持续扩大，因此为了对抗污染必须要避免国家的干预"[1]。经济合作与发展组织也存在同样的担忧。该组织在四十多年间用数份报告来解释，国际贸易的扩大、经济发展政策和环境保护之间不存在基础性矛盾，而且的确获得了一定的成功[2]。因此从1972年斯德哥尔摩峰会之后，这些国家承诺"不以环保为理由来实施歧视性政策或者

---

[1] 关税与贸易总协定，《工业污染管控和国际贸易》，1971。

[2] 多米尼克·帕斯特《环境的经济化：1968-2012从经济合作与发展组织开始做起》《天然气技术中心研讨会的报告的手稿》，12-03，巴黎，亚历山大·夸黑中心，2013。

限制本国的市场准入"（第105项建议）。这意味着不对国际贸易的持续扩大产生危害。我们不能质疑贸易自由化。我们可以保护环境，但不能与国际贸易规则产生冲突。

1992年里约热内卢通过的《联合国气候变化框架公约》负责组织有关气候变暖的国际谈判，在公约中设定以下原则。公约的3.5项条例写得非常明白："为对付气候变化而采取的措施……不应当成为国际贸易中的任意或无理的歧视手段或者隐蔽的限制。"组织国际谈判的框架公约将贸易和投资自由化变得神圣，使其不受气候异常斗争的影响。一边是促进化石能源无度开采的经济和金融全球化，另一边是回避所有有关世界贸易规则的气候政策和谈判，这两方面之间不断扩大的鸿沟无疑是解决问题的关键。我们也会更好地理解为什么国家不愿意推出能源开采的国际延期策略来限制投资者的权利。再用本书引言中使用过的例子，《联合国气候变化框架公约》不会轻易地允许减小灶上的火。

世界经济贸易组织打算加入"环保"的行列，促进"可持续发展"。世贸组织内部施行的《关税与贸易总协定》第二十条规定，如果某个国家需要采取"为保障人民、动植物的生命或健康所必需的措施"或者"保护可能用竭的天然资源的有关措施"，那么就可以免受世贸组织规定的限制。这乍看之下显得"环保"，但是这种方式有很大的回旋余地，从协定的序言中就可以看出来。序言明确提到，应该由环保措施的发起国来证明它们的行为不会造成"任意或无理的歧视",或者不构成一种"国际贸易的隐蔽限制"。

换而言之,国际贸易规则保证了资本、财富和服务的自由流通,比环境保护更有优先权。因此,环保措施常常被歪曲为"国际贸易的隐蔽限制"而受到质疑,并被宣告无效。因为无歧视原则,在同一个市场中进行竞争的产品应该拥有同等待遇。相比于进口的非生态产品,一个国家生产的绿色生态产品不应该因为促进消费的措施而受到歧视。而且上文提到的公约划定的环保范围过于狭窄,指的是为对抗气候变化而允许采取一些紧急措施。

世贸组织新任总干事罗伯托·阿泽维多在该组织建立20周年的讲话中解释到:"2015年是贸易和环保的交接年[①]。"成员国发布越来越多关于环保措施的通知。他说:"这些措施的实施往往影响了贸易……而且还存在风险,也就是说政府会通过贸易保护主义的方式采取免税措施。"如果罗伯托·阿泽维多提到"法律确认,各成员国能够采取限制性的环境贸易措施",那么这些国家也能肯定"这些环保措施不以任意的方式实施,也不会作为隐形的贸易保护主义来使用"。罗伯托·阿泽维多认为,毫无疑问,"未来几年内贸易和环境的联

---

① 罗伯托·阿泽维多,《2015年是贸易和环境的关键年》,2015-04-28。www.wto.org/english/news_e/spra_e/spra56_e.htm.

系会增加",而且应该审视世贸组织的规定:"我们希望检验一下,世贸组织如何建立在这些基础之上。"

互助理论

1992年里约热内卢联合国大会前期,布鲁特兰用可持续发展一词代替了环境一词,在报告中她提出了互助理论的基础[①]。当时,贫困被视为环境恶化的主要因素之一。因此人类探寻对抗"贫困型污染"的方式。国际组织和各国政治领袖很快就会找到解决方法:国际贸易的发展很容易就能再次合法化,就像对抗贫困和保护环境的方式一样。《二十一世纪议程》的行动计划的2.19节如此阐述这个理念:"环境政策与贸易政策是相辅相成的。开放的多边贸易制度能够更有效地分配、使用资源,从而促进生产,增加收入,减少环境的负荷;因此,它为经济增长和发展以及更好地保护环境提供了更多必要的资源。"保护环境和对抗气候异常比开放市场更有效率。

在反复考虑之后,著名的互助理论转变成了一种范式:加强自由化能够保护气候和环境,反之亦然,保护气候和环境需要在贸易与投资自由化的道路上走得更远。理论上,互助理论建立在经济学家所谓的库兹涅茨"倒U曲线"上。这

[①] 如欲了解更多信息,可见梅迪·阿巴斯的《自由贸易和气候变化:"互助"还是分歧?》。

条曲线在收入增加和污染加剧之间建立了联系：每次获得一定程度的收入，对更好生活和更少污染的需求就会增加，而且污染的程度就会降低。这个曲线的理论和经验基础相当不牢固[1]，但在这个曲线的基础之上，各个国际机构形成一个理论，认为缺乏规范的国际贸易的不定性拓展会促进经济发展和环境保护。但是这仅仅是披着理论外套的贸易支持论。

2009年哥本哈根气候变化大会的几个月前，世贸组织和联合国环境署在一份新报告里总结了这种方法[2]。报告指出，自由贸易的拓展和气候变化的斗争能够相辅相成，共同创造出一个低碳经济，包括通过绿色技术来减少温室气体的排放。如若将市场开放和对抗气候变化结合起来，就能促进绿色技术、新产品和新的清洁生产过程的蓬勃发展。多神奇啊，收入增长与国际贸易的发展密切相关，还能更好地保护环境，

---

[1] 麦赫迪·阿巴斯认为，仅有28%的科学文章提出了不同的观点，关于二氧化碳的研究中有40%认为不存在不同的观点：从1992年沙菲克和班迪奥帕迪亚的研究中我们可以发现，当涉及到二氧化碳等与经济发展相关的废物时，库兹涅茨曲线是缺乏信服力的。内玛特·夏菲克，苏什基·班德尤帕迪亚，《经济增长和环境质量：时间序列和横贯全国的证明》，华盛顿，哥伦比亚特区，世界银行，《政策研究工作系列丛书》，1992-06-30: 904。

[2] 世界贸易组织和联合国环境署，《贸易和气候变化》，日内瓦，2009。www.wto.org/english/res_e/booksp_e/trade_climate_change_e.pdf.

因为能够给"富裕的社会以要求更加严格的环境标准的可能,特别是涉及到温室气体排放的标准"。世贸组织总干事帕斯卡尔·拉米认为,不能"将时间浪费在对抗气候变化上。应该从现在开始,倾我们全体之力保证哥本哈根峰会的顺利举行,要让贸易服务于对抗气候变化的国际项目[①]"。秘诀在于贸易自由化能拯救气候。

当然也存在一个难点。这个理论没有通过现实的检验。多项研究[②]表明,贸易自由化对减排不会产生预期的影响。恰恰相反,国际贸易的增加会促进温室气体的排放:从全球层面看,越多贸易,越多排放。互助理论"忽视"了世贸组织"好斗"的事实。《与贸易相关的知识产权协定》在知识产权上出台了一些限制性规定,并支持各国实施这些规定,但会阻碍(预期的)绿色技术的传播。最终,环境财富和环境服务(主要是能源、水资源和垃圾的管理)的自由化会用这些公共财富来创造利润,对地区管理和生态、民主管理产生危害。

事实上,贸易和投资自由化的政策将贸易法置于环境法之上,并扩大了投资者的权利,会极大地削弱生态准则的效力,束缚能源变革政策。促进贸易自由化和扩大投资者权利

---

① 帕斯卡尔·拉米,《不存在能解决全球问题的单边方案:哥本哈根应该是我们的目标》,世界贸易组织,2009-06-26。

② 梅迪·阿巴斯,《自由贸易和气候变化:"互助"还是分歧?》

的政策增强了国际生产分工，将投资者的权利（及短期逐利的想法）置于环保法、民主和我们的气候未来之上。这些政策会强化我们经济和社会对化石能源的依赖，削弱我们实施真正的能源变革政策的能力。由此塑造的能源体系符合跨国公司的利益，却与节能、生产再本土化，可再生能源的合作与发展等要求相悖。贸易法高高在上，会对人类走向"更宜居、美好、团结、公平和人道的社会[①]"形成正面攻击。如果要实施真正的生态和社会变革，就需要结束随意拓展自由贸易的现状，以及商法高于人类生命的现状。

2014年秋季通过的能源过渡法案的第一条称，2030年前要减少30%的化石能源消费，2050年前要减少四分之一的温室气体排放。那么贸易拓展和商法的绝对优势能与这些目标兼容吗？弗朗索瓦·奥朗德多次提到，人类的命运和气候变暖密切相关，但如果他真是这么认为的，那他为什么不取消贸易自由化协定，采取新协议来避免气候混乱，向后化石社会转变呢？

"需要在《跨大西洋贸易与投资伙伴协定》和气候之间进

[①]《我们在欧洲创造了10,100,1000个替换运动》。www.bizimugi.eu/fr/creons-10-100-1-000-alternatiba-en-europe.

行抉择！[1]"这句话不仅仅是个口号，它还简洁明了地指出了气候危机的基本症结之一。贸易和投资体系赋予了化石能源公司权力，加剧了政府对抗气候问题的惰性，因此我们请求公民社会[2]的某些组织来摧毁这种体系。这句话也体现了实行替代措施的紧迫性。此类措施能够保证社会公正、财富再分配的公平和环境保护，正如一个运动建议的一样，在欧盟层面上进行贸易交替期[3]。停止《跨大西洋贸易与投资伙伴协定》及其体系，这对于气候和能源过渡来说是个巨大的胜利。这也是唯一一个机会能够审视国际法的结构，让环境法和气候要求优先于贸易和投资法！

[1] 详见法国阿塔克（法国课征金融交易税以协助公民组织）和埃泰克（追求卓越的对等赋权组织），《需要在气候和跨大西洋贸易及投资伙伴协议之间进行抉择！》，2014-12-04，https://france.attac.org/nos-publications/ notes-et-rapports-37/article/climat-ou-tafta-il-faut-choisir.

[2] 摧毁跨国公司的权力和国际贸易体系的运动 www.stopcorporateimpunity.org.

[3] 为了欧盟的贸易交替期而进行的集体运动，2014-04，https://france.attac.org/nos-publications/ bro- chures/article/pour-un-mandat-commercial.

2

为变革扫清障碍

走出化石时代不是一件小事，需要我们作出巨大的坚定的努力。它也不是一件易事，因为经济体系的惰性和能源体系的恶化非常严重。前面每一步都提示着：遏制变革的挡路石非常多。挡路石立在我们道路的中间，又恐怖又顽固。但是我们在全球各地的群众运动的帮助下可以把挡路石移开，重获自主性。其他同样危险的陷阱位于变革的道路上，我们要学会去避开。认真审视这些陷阱，分辨出我们应该远离的选择和我们为了变革而需要的选择。

这一章节会讲三个陷阱，其他的本来应该提及但是此处按下不表，比如核电能源等。每一个陷阱都与前面几步有着紧密的联系。我们在这里提到这些陷阱，是为了着重指出在社会讨论中经常被忽视的几个点，并强调能源变革不是只有一条出路。行动方式和技术选择取决于相对有效的政策和多样的社会方案。我们建议要认真审视单一市场的理念、对技术创新的盲目自信和地球工程学的幻想这三大陷阱，以便在已经开启的变革之路上避开它们。

摆脱单一思维

> 我一直害怕间断的、一维的、残缺的思想。每次我研究一个社会现象，我能感觉到它的复杂性，并尝试解读它：多维度的特质、形成现象的内部反馈、历史化的必要性，即在时间上进行想象，还有承认的必要性及对待多样性和单一性的必要性。
>
> ——埃德加·莫兰 《有良知的科学》（前言：身份证）
> 1982 年

新自由主义及其捍卫者在气候危机之前"岿然不动"。群众运动旨在阻止化石工业，推动能源领域去金融化，排斥贸易自由化新阶段，从而解冻能源变革，但新自由主义捍卫者并不乐意，因此也不采取任何行动。能源和生态系统持续恶化，导致世界资本中心的能源、经济、生态、社会、政治等领域更加脆弱，他们总算不再置之不理，小心翼翼，试图在不打乱体系结构的情况下消除出现的体系危机。

新自由主义捍卫者的回答显而易见，体现在所有公共辩论、报告和所提的建议中：为减少温室气体排放、开启能源变革，应该给碳定一个价格。在经济中引入价格信号，是全世界都可以考虑的神奇举措：给污染定下价格，能够加大污染最严重的技术的成本，有利于绿色技术的发展，促进经济活动者减少污染，加大对"绿色手段"的投资。相较于原材料消费过程，温室气体排放集中在生产流程的下游。那么这个建议赋予市场机制、金融创新和技术创新以关键角色。

我们的目的不是对提出的所有建议做一个整体的概述。近期已经出版了很多有关这个主题的详细的优秀作品[①]。我们这里只提到其中的两个建议，并明确我们应该避开的陷阱。

变革沦为能源信号

第 21 届联合国气候变化大会前期，包括新任诺贝尔经济

[①] 法国阿塔克（法国课征金融交易税以协助公民组织），《自然没有价格，对绿色经济的误解》，巴黎，自由链接出版社，2012；桑德琳娜·费代尔，克里斯托夫·博纳伊，《捕食：自然、金融的新乐园》，巴黎，《发现》，自由手册出版社，2015；瑞仕明·科什延，《自然是战场》，巴黎，2014（第二章）。

学奖得主让·梯若尔等四位法国经济学家[1]提出："在经济中加入一种新的价值是非常紧迫的，应该在市场中加入碳价格，每一次二氧化碳排放都应为破坏环境付出代价。"他们的理由非常简单易懂：如果说不顾保护环境的演讲和承诺，继续增加温室气体排放量，那么就是因为"气候变化的严重后果不在市场价值的考虑范围之内[2]"。除了化石原材料的成本，将温室气体排放到大气中无须任何费用，因此一旦对排放的每吨碳设定一个价格，就能解决这个问题。

怎么做呢？传统经济学家试图回答这个问题："经济学家二十多年的试验指出了如何将碳价格引入经济领域。"要么通过"定价"，要么通过"市场许可制"。价格信号能够保证"一个透明而有效的机制，以激励每个人在选择时考虑到他们对后代幸福的影响"。这个建议难道不妙吗？经济学家也承认，"难处在于化口号为行动"。然而他们也知道如何去行动。

---

[1] 克里斯蒂安·戈利耶是图卢兹经济学院的主任。皮埃尔-安德烈·茹韦是巴黎十大的教授和"气候经济讲台"的成员之一。克里斯蒂安·德佩尔蒂是巴黎九大的经济学教授，也是"气候经济讲台"的成员之一。让·梯若尔是图卢兹经济学院的院长，曾获得过诺贝尔经济学奖。

[2] 克里斯蒂安·戈利耶，皮埃尔-安德烈·茹韦，克里斯蒂安·德佩尔蒂，让·蒂罗尔，《气候大会：在利马，我们应该走得更远！》，《世界报》，2014-12-09.www.lemonde.fr/idees/article/2014/12/09/ conference-sur-le-climat-a-lima-il-faut-aller-plus-loin_4537333_3232.html.

让·梯若尔和克里斯蒂安·戈利耶建议建立一个"排放许可的市场体系,多边组织在该体系下将可流通的许可证授予或者拍卖给参与的国家[1]"。欧洲碳市场自 2005 年启动以来呈无力无效的颓势,但没多大关系,仅仅作为安赛乐米塔尔和拉法基的一种补助,还没有被放弃[2]。这两位经济学家认为,现存的例子"证明了这一举措的可行性"。该举措"在世界范围内对碳设定一个单一的价格",能够促使"污染企业尽力减少碳排放,因为碳价格高于原材料成本",还能保证"这样的集体牺牲能够为环境带来最大的益处"。

这些经济学家倡导设定一个单一的碳价格,来作为一个激励经济活动者的普遍模式。经济学家不建议引入那些看上去不如市场有效且更任意的全新标准。他们不希望实施化石能源开采延期政策或者禁令,因为这些措施实在没有任何效果。他们的姿态能够避免打击到经济发展的物质条件,这个

---

[1] 克里斯蒂安·戈利耶,让·蒂罗尔,《为达成一个有效的气候协定》,《世界报》,2015-06-05。www.lemonde.fr/economie/article/2015/06/04/pour-un-accord-efficace-sur-le-climat_4647453_3234.html.

[2] 阿塔克,《公民社会宣言:到了结束欧洲碳市场的时候》,2013-02。https://france.attac.org/actus-et-medias/le-flux/articles/il-est-temps-de-mettre-fin-au-marche-du-carbone-europeen;欧洲公司观察组织,《欧盟排放交易体系神话破灭:为什么无法改革体系,为什么不能复制体系》,2013-04-15。http://corporateeurope.org/sites/default/files/publications/eu_ets_myths.pdf.

目标是说得通的。但是盖尔·吉罗认为:"等着碳市场价格提供一个'好的信号',来约束经济走向能源变革,这是个乌托邦。信号会出错,而且难以预料,还经常无法传递正确的信息①。"

不同的国家、不同的行业使用相同的碳价格,包括加入一些相应的补偿,这种措施缺乏操作性和激励性。因为实践证明,经济活动者的投资策略不取决于单一的市场价格。而且环境税的成功案例显示,制定价格的同时应该采取一系列配套的科技、司法和制度措施,而经济学家提出的建议中缺少了这一方面。一位相关问题的专家解释:制定价格"往往是有效的,有时候也是必要的,但永远是不够的",而且有可能"南辕北辙"。他认为,这是一个必要的"拥有相同信号的逻辑严密的世界"。②

气候也是一种经济资产吗

当提到吨碳的时候,我们把一些本来无法公度、无法替代的东西变得可公度、可替代了:破坏一片热带森林不等于

---

① 盖尔·吉罗,《金融幻象》,p.155.
② 多米尼克·德龙,《气候不能沦为价格》,《世界报》,2015-06-12。www.lemonde.fr/idees/article/2015/06/12/le-climat-ne-se-reduit-pas-a-un-prix_4653026_3232.html.

破坏一片次生林，尽管专家测量后发现两片森林的碳储量相等。同样，说巴黎一辆四轮汽车排放的一吨碳等于马拉维一个居民进食释放的碳总量，这样的例子令人难以理解。但是传统经济学家却不是这么想的，他们引入碳价格，好像气候危机有可能变成一种通用的计量单位——吨碳。当所有都用碳来衡量的时候，所有都可以进行比较了，这样就达到了通用。如果所有的东西都用吨碳来衡量，那就都可以进行交易了。

当吨碳作为一种通用的计量单位时，就有可能引入吨碳价格，对气候变暖进行谈判：需要裁定最有效益的减排的领域和时机。排放量不再仅仅根据气候要求来确定，而是根据经济需要来调节。这些经济学家通过自己的建议，把气候变成了一个简单而寻常的经济资产，而且市场运用吨碳的价格基础来决定该资产的稳定性。他们没有考虑到此举对我们社会其他领域带来的影响。

如果说气候变暖严重影响到了我们的社会和经济，那是因为它加剧了我们能源体系和人类生存的方方面面的脆弱性。气候变暖在社会和经济中再次引入人类生活的物质性（尽管社会和经济希望摆脱这种物质性），影响了我们的生活。给吨碳定价作为回应气候危机的一种方式，为了将能源的管理权交给市场和私企，再次排除了人类生存的物质性。而经济学家们建议的重点之一在于坚持冻结化石能源储备，也就是建议人类学会与其生存的物质性相共存，认识到地球和自然问题在经济体系中是不可解决的。

同样,能源变革不能沦为一种相关价格和成本效益的计算。引入碳价格和碳市场之后,人们可能认为的确存在一种神奇的办法,能够解决能源变革的复杂挑战。就像埃德加·莫兰所说,这种更替思想把一个问题的经济方面和其他环保、社会、政治等方面分开了。让一个单一的市场价格决定能源变革,意味着让经济界人士假想出的市场的单一经济理性负责能源变革的实施。一切都证明了,环境危机从众多层面要求公共机构和公众的介入。但是传统经济学家却用过时的思想来拒绝公众介入。

还记得法国人的碳足迹不断增加吗[①]?当金融拥有了极其重大的权力,但是不司其职的时候,碳市场的措施体现了解决气候危机的无力,以及将这些措施推广到全球的无力。这些经济学家的提议让他们变成了气候变化怀疑论者吗?我们在本书的开头就提到过这个说法,也就是一些否认让大部分化石能源留在地下的必要性的人。回答是肯定的。不是因为我们已经通过他们发表的文章在他们各自的深刻思想中读到了这一点,而是因为他们拒绝引入其他措施,而且他们的建议让我们远离了问题的核心:他们的提议将变革变得非物质

[①] 苏菲·沙佩勒,《气候:法国人的碳足迹增加了》,《巴斯塔!》,2013-04-25。www.bastamag.net/Climat-l-empreinte-carbone-des。

化，变成一种商品关系，与有形事实和人类的生存完全脱离开来。

气候，是全球经济的副产品吗

为什么要如此重视经济学家的提议呢？我们决定好好审视这些提议，因为它们准确地显示了国际机构在这一方面的主要措施。从经济合作与发展组织、世界银行，到联合国环境署和世贸组织，这些经济学家的论点无处不在。气候变暖的体制特点会动摇我们的坚定信心，而这些经济学家和国际机构有相同的反应和信心：引入碳价格就能解决问题。污染和环境恶化充其量被视作生产体系的副产品。我们发展技术——商业的工具（税收、污染市场、经济鼓励等），来限制污染和环境恶化的影响，刺激合适的技术创新，以便"管理"环境和污染。以上措施都是在尽量减小全球生产体系的成本，不动摇该体系的基础。

因此，世界银行出台了一项名为"碳定价"全球创举，旨在推广"能够有效、有收益地减少排放量的多种措施[①]"。"有收益地"是一个重要的词，如果不能带来收益，那么这些排放者就不会愿意减少排放量，因此对抗气候异常的斗争从

[①] 详见2014年6月3日的声明《碳价格》，www.worldbank.org/en/programs/pricing-carbon.

属于经济和金融收益的要求。在2014年9月潘基文组织的联合国纽约峰会上，73个国家政府、11个地方政府以及上千个"经济巨擘和投资者"都对世界银行的提议表示支持①。其中包括了众多银行和保险公司（法国退休养老保险公司AG2R、法国巴黎银行、德意志银行等）、污染能源的巨头（空中客车公司、法国航空公司、安赛乐米塔尔公司、英国石油公司、杜邦公司、法国燃气苏伊士集团、拉法基集团、力拓集团、壳牌公司、挪威国家石油公司、联合利华集团、威立雅集团、雅苒公司等）以及投资者②。世界银行行长认为，此举"大大有利于经济③"。只要有利于经济，能带来效益，这些公司就会为环境保护做出行动。

不要让能源变革落入金融市场之手

三十年来，平均四年就会爆发一场金融危机④。然而，我

---

① 世界银行，《73个国家和1000多家银行和投资者支持碳价格》，2014-09-22。www.worldbank.org/en/news/press-release/2014/09/22/73-countries-1000-companies-investors-support-price-carbon.

② 详见支持名单：http://siteresources.worldbank.org/EXTSDNET/Resources/carbon-pricing-supporters-list-092114.pdf.

③ 世界银行，《呼吁国家和公司来支持碳价格》，2014-05-05。www.worldbank.org/en/news/feature/2014/05/05/supporting-a-price-on-carbon.

④ 盖尔·吉罗，《金融幻象》。

们继续忍受着金融市场在能源、气候等关键领域的发展。在新的市场措施和创新的帮助下，能源变革将会实施，这其实是一种金融幻象。其实金融也可以是绿色的。投资、金融资本，包括债券和衍生产品，也是一样的。证券交易人和银行的金融服务也能够变成绿色。当资本通过我们所生存的生态系统的功利主义概念而拓展到自然领域时，自然就变成了"自然资本"。自然资本跟美元一样，是绿色的。

在绿色经济[①]的范式中，可以用绿色债券[②]来投资能源变革。新一代债券的推广者推出一个蓬勃发展的市场：2012年45亿欧元，2014年200亿欧元，2016年预计将超过1000亿欧元。2014年9月纽约气候峰会期间，私人银行宣布在2015年底之前会发行200亿美元的绿色债券[③]。但是国际债券市场总额将近1000000亿美元，因此这区区200亿美元只是九牛一毛。那么什么是绿色债券呢？当传统债券[④]能够将私人投资

---

① 法国阿塔克，《自然没有价格，对绿色经济的误解》

② 马克-安托万·弗朗克，《用绿色债券来资助能源变革》，《世界报》，2014-11-22。www.lemonde.fr/idees/article/2014/09/22/financer-la-transition-energetique-grace-aux-green-bonds_4492339_3232.html.

③ 气候峰会，《2015年末前政府、投资者和金融机构将筹集2000亿美元来支持气候运动》，2014。www.un.org/climatechange/summit/wp-content/uploads/sites/2/2014/05/FINANCING-PR-REVISED.pdf.

④ 一种借贷的债券，到期后会支付有效期内的利息、返还本金

引向"与气候兼容"的项目时,我们就给它打上绿色或者环保的标记。

从更近的角度看,这其实毫不简单。现在尚未明确建立限制性标准,能够将气候兼容项目和不兼容项目分开来。人们在绿色债券方面只制定了一些无限制的自愿条款[1],而气候债券方面的条款仍在制定当中[2]。公司、发展银行和地方政府因为绿色债券而获得了投资,但不多,而且无法保证这些投资物尽其用。例如,法国燃气苏伊士集团,即全新的 Engie 集团,2014 年发行了高达 25 亿欧元的绿色债券,创下了纪录。有道德或者有社会责任感的投资者及时加入了这个行列。Engie 集团不仅是法国污染较大的企业之一,还利用投资在亚马孙地区建设大型水坝(吉拉乌、塔巴赫斯河盆地等),事实上一点都不环保[3]。砍伐森林、不尊重人类权利,这些大型水坝对当地居民和生态系统造成了灾难性的后果。在金融的驱

---

[1]《2014 年主要的绿色债券:发行绿色债券的自动流程指南》,2014-01-13。www.ceres.org/resources/reports/green-bond-principles-2014-voluntary-process-guidelines-for-issuing-green-bonds/ view.

[2] 气候债券倡议《气候债券分类法》,www.climatebonds.net/standards/taxonomy.

[3] 奥利维耶·珀蒂让,《绿色债券:拯救气候的新型金融工具已经走上歧路》,跨国公司观察组织,2014-11-12。http://multinationales.org/Obligations-vertes-un-nouvel-outil.

使下，绿色已经变了颜色。

　　绿色债券市场刚启动就面临着众多指责之声。因为绿色债券无法保证投资项目的运行。污染型企业拒绝将大部分的经济活动和投资都投入后化石经济领域，对它们而言，绿色证券只是一个进行庞大的生态洗钱活动的理想工具。绿色金融不仅限于债券，机构还通过低碳的资产支持型证券①来支持绿色借贷②。同时还用来自于传统金融工程的风险资本基金来投资绿色创新。传统金融工程希望由金融界来控制创新技术的发展，但金融界贪得无厌，认为金融回报率实在太低。

　　2007~2008年开始的金融危机本可以限制金融界管控气候和能源变革的能力，但事情却朝着完全相反的方向发展，金融界的能力反而增强了。金融危机的漫长历史证明，金融创新没有界限，包括气候和能源变革方面。除了绿色债券，金融界和保险界还害怕气候危机。气候危机能支持新的保险产品和金融产品的产生。与其寻找相互联系的公共措施来面

---

　　① 资产支持型证券是一种以金融资产为支持型的有价债券，主要通过资产证券化而形成。

　　② 拉希达·布格瑞特，《环境大会：驶向2015年巴黎气候峰会》，《环境新闻》，2014-11-26。www.actu-environnement.com/ae/news/table-ronde-conference- environnementale-sommet-climat-paris-2015-23326.php4.

对自然灾难，某些保险公司和国家更愿意通过灾难债券（巨灾债券）将这些风险转移给金融市场。农民、旅游公司和机场都被邀请投资气候衍生产品，以预防气候带来的风险（降雨或者气温预报不准）[①]。当遇到这两种情况时，灾难债券将自然风险的管理和调节的责任交到了金融市场的手中，认为后者在重大的系统风险之前足够稳定、严密、结实。我们当然可以提出合理的质疑。

我们能够创造新的金融资产，产生新的金融收入，在这个基础之上，气候变成了一个完全抽象的东西。设想一下，当我们拥有了更多的金融产品和金融市场的时候（包括绿色产品和市场），开启能源变革却只是一个幻想。为了这个幻想，我们浪费时间、能源，耗尽金钱。而且，金融体系往往最终会让全社会为其错误买单。这的确是我们必须要避开的陷阱。

---

① 温度和降水都可能是标的资产，没有货币价值，不同于大部分"传统的"衍生产品的标的资产。

摆脱科技进步的影响

> 认为在一个无限的世界中
> 持续快速的发展能够永远持续下去的人，
> 应该是个经济学家。
>
> 肯尼斯·爱华·博尔丁
>
> ——杰克·乌尔德里克在《曲线突跃》中提到（2008年）

在能源变革之路上，单一思维和全能市场的陷阱旁边很快就出现了科技创新的陷阱。两种陷阱之间存在紧密的联系。当我们掉入其中一个陷阱时，很难不掉入另一个。相反，避免两个陷阱不意味着放弃整个能源变革的市场和技术创新。陷阱不断地提供能源变革的关键。科技陷阱用未来做赌注，毫无确定性，但是却宣称，在或远或近的未来，科技能够和其他方式一样有效地对抗气候异常。这个陷阱还称，科技目前或在不久的将来能够将经济发展（指的是维持经济或重振经济）与自然资源的开采彻底分开来。这个陷阱认为，如果在边缘市场采取一些措施，这些绿色科技必定会出现，还会在现今的经济框架中推广开来。

"脱钩"促进发展

这个陷阱就是"绿色经济"的范式。2012年6月的"里约20+"峰会期间提出这个说法，得到了众多国际机构的推广和宣传[1]。在联合国环境规划署的定义之下，"绿色经济"是一种"显著减少环境风险、缓解资源短缺"的经济[2]，能保证"资源的合理使用和能源的效率"，还能同时解决发展问题、非可再生自然资源的稀有和短缺问题以及对抗气候异常的问题。

目前生态危机发酵，尤其是气候危机，而且世界经济持续发展的不确定性加剧，"脱钩"意味着在减轻环境破坏的基础上发展生产。经济合作与发展组织根据"脱钩理论"提出了"绿色增长"的畅想，认为绿色增长"在促进经济增长与发展的同时，确保自然资产能够继续提供我们福祉所依赖的资源及环境服务[3]"。经济危机之后，联合国秘书长潘基文呼

---

[1] 法国阿塔克，《自然没有价格，对绿色经济的误解》。

[2] 联合国环境署，《走向绿色经济：为了可持续发展和消除贫困》，2011。www.unep.org/french/ greeneconomy/Lerapport/tabid/78153/Default.aspx.

[3] 经济合作与发展组织，《走向绿色增长》，2011-05。www.oecd.org/fr/croissanceverte/vers-une-croissance-verte-9789264111332-fr.htm.

吁让绿色发展成为一个"口号":"我们既需要刺激措施,又需要长期投资,用同一项经济对策同时实现两个目标[1]。"意思是用更少的资源发展生产。

"脱钩"是这个目标的核心[2]。绿色增长的倡导者保证,"脱钩"是有可能的,而且已经开始了一部分了。新兴信息技术和绿色技术的使用能够在保证世界经济增长的同时,持续有效地减小能源密度,减少温室气体排放。联合国环境规划署"最近观察到,为解决投资缺乏和高价问题,出现了长期的温和的脱钩趋势"。为了"让经济增长与原材料及能源的高消耗彻底脱钩",我们需要走得更远[3]。

不管这些绿色科技已经出现还是将会出现,都被视为创新的新领域,以及全球资本增长的接力棒。在化石能源的稀缺性、气候政策和科技进步的作用下,这些技术的价格会比污染性技术的价格更具竞争力。价格优势会促进绿色技术的

---

[1] 潘基文、阿尔·戈尔,《为了绿色增长》,《自由报》,2009-02-23。www.liberation.fr/economie/2009/02/23/pour-une-croissance-verte_311852.

[2] 联合国环境署,《走向绿色经济:为了可持续发展和消除贫困》,经济合作与发展组织,《脱钩,理论全面分析》,巴黎,经济合作与发展组织,2001,经济合作与发展组织,《将绿色增长置于发展中心》,巴黎,经济合作与发展组织,2013。

[3] 联合国环境署,《走向绿色经济:为了可持续发展和消除贫困》,p.15.

推广，促使其代替传统技术。从可再生能源到提高生产力的措施，再到水污染清理，"绿色科技"所涉及的活动范围极其广泛，不是一个定义就能划定界限的。

脱钩仅仅是一个幻想吗

乐观主义者展示了一些经济合作与发展组织成员国或二十国集团成员国的数据。2013年，二十国集团成员国的国内生产总值的平均增长率为2.8%，而能源消费增长率仅为2.1%，排放量增长率为2%[①]。能源密集度由此降低：国内生产总值增长的每一个百分点的平均能源消耗量比去年有所减少。在以上结果的作用下，出现了越来越非物质化的经济增长的概念：难道二十国集团没有消耗80%的世界能源吗？有一项研究显示，在最近60年间，国民生产总值每增加1%，就会导致二氧化碳排放量增加0.73%[②]。这项研究在时间和空间上与二十国集团的数据非常接近。由此可见，二十国峰会的最近数据与历史趋势有相同点。

国内生产总值平均增长率为2.8%，因此国内生产总值在

[①] 2013年全球能源数据，能源数据公司。www.enerdata.net/enerdatafr/publications/bilan-energetique-mondial.php.

[②] 理查德·约克，《经济增长的不对称效应和二氧化碳排放量的降低》，《自然气候变化》，2012:2，p. 762-764.

25 年间翻了一倍。而温室气体排放量年增长率为 2%，因此排放量在 35 年间翻了一倍。35 年，我们距离 2050 年也是 35 年。政府间气候变化专门委员会的科学家呼吁在这 35 年间减少 40%~70% 的碳排放。世界经济的发展轨道，以及经济发展和碳排放的脱钩，将我们带到了科学家建议的对立面。建立于 2014 年的全球气候与经济委员会认为，如果要将全球温度上升维持在 2℃ 以内，那么世界经济的碳密集度每年需要减少 5%。而现在，全球碳密集度的平均减少量不足 1.5%。

直到现在，所谓的马上就能实现的绝对脱钩仍是一种幻想。如果经济合作与发展组织成员国和其他国家（包括中国）的能源密集度呈改善趋势，包括更广意义上的原材料密集度，那么结果就具有欺骗性了：由于国际分工的关系，我们需要从全球层面来考虑问题。国际贸易占全球生产总值 30%，因此需要考虑到各国之间的进出口环节。比较二三十年间欧洲的能源密集度没有什么意义，因为很大一部分工业生产线搬到了欧洲以外的地区。除非我们考虑到碳泄漏的事实，否则比较能源密集度的确毫无意义。经济合作与发展组织成员国的能源密集度获得发展，很大程度上是由于他们将高耗能的生产活动转移到了发展中国家。

经济学家盖尔·吉罗[1]认为，五十年来，一次能源创造的财富比例几乎是持续增长的。也就是说，世界经济的能源效率没有呈现净增长趋势。因此我们还不能确定是否脱钩。黄金三十年中，工业国家的三分之二的经济增长来自于化石能源使用量的增加。盖尔·吉罗认为，世界经济无力促进人均化石能源消费量的增长，因此1980年以来全球生产总值的年均增长率停滞于1%。除了没有实现脱钩，这些结果还显示，想象着不增加能源投资就能提高生产总值，这仅仅是一个投机行为。

2014年的幻想

经济增长和碳排放量的彻底脱钩，即假设不增加能源消费量和碳排放量，就能保持经济增长，似乎是非常脱离现实的。但是脱轨理论的坚定捍卫者回答："根本不是这样的！看看国际能源署2014年发布的数据就能明白了。"国际能源署的数据显示，2014年全球能源领域的二氧化碳排放量停滞于323亿吨，而全球生产总值增长率维持于3%[2]。这个消息获得

---

[1] 盖尔·吉罗，《金融幻象》。

[2] 国际能源署，《2014年全球能源类二氧化碳排放停滞》，2015-03。www.iea.org/newsroomandevents/news/2015/march/global-energy-related-emissions-of-carbon-dioxide-stalled-in-2014.html.

了一致的好评。国际能源署的首席经济学家法提赫·毕罗尔称，这是"温室气体排放与经济增长第一次脱钩"。法国外交部部长洛朗·法比尤斯称："这个消息表明，这种积极的发展是有可能的，我们对第21届联合国气候变化大会充满信心[1]。"脱钩，终会到来！

评论家们本不必如此着急。首先，碳排放量不是第一次在经济积极增长的时候出现停滞。经济学家让·盖雷说，在最近四十年出现了六次经济增长和碳排放（至少有三个百分点的不同）的完全脱钩。最近六年，全球生产总值的平均增长率为3.25%，而二氧化碳排放量的平均增长率近乎为0[2]。我们不是第一次观察到类似于2014年的脱钩现象。在这期间让·盖雷发现，近半个世纪以来，碳排放的增长速度低于经济增长速度，但是全球温室气体排放量没有降低。

保持谨慎，我们就会发现国际能源署观测到的结果仅仅

---

[1] 第三届联合国世界减灾大会上洛朗·法比尤斯的发言，仙台，2015-03-14。www.diplomatie.gouv.fr/fr/dossiers-pays/japon/la-france-et-le-japon/evenements-4706/article/japon-discours-de-laurent-fabius.

[2] 让·盖雷，《2014年全球二氧化碳排放量停滞，但是经济增长率是3.4%，势如破竹的？历史性的？》，2015-03-23，经济替换方式。http://alternatives-economiques.fr/blogs/gadrey/2015/03/23/dans-le-monde-les-emissions-de-CO2-ont-stagne-en-2014-alors-que-la-croissance-etait-de-34-formidable-historique-billet-1.

针对二氧化碳排放（占全球温室气体排放的67%），而且化石能源燃烧仅占二氧化碳排放量的80%。最后一个数据不意味着大部分生产过程和大多数国家的能源效率有所改善。但这些数据提醒我们，对那些至少需要核实的信息要保持高度谨慎。2014年温室气体排放量和在大气中的富集程度创下了记录①。

更多能源 = 更少能源

　　脱钩本身不是一个目的：改善脱钩现象不会减少化石能源消费量和温室气体排放量，而且从气候变暖角度来看，改善脱钩现象根本不会带来利益。当碳强度和能源强度显著改善时，温室气体总排放量和一次能源消费量仍会持续增加，这就是反弹效应。斯坦利·杰文斯观察到，煤炭使用的技术效率的提高反而会增加全球煤炭的使用量②，因此在19世纪提出了反弹效应，即生产增加能够部分或者完全抵消每单位生产效率的提高。人们期待的脱钩是相对的，不是绝对的。人们关注的脱钩产生的一个错误正好在于微观经济层面或者国家层面。而在气候领域，这个错误存在于全球层面或者重要

---

　　① 全球碳预算，《媒体摘要》，2014-09-21。www.globalcarbonproject.org/carbonbudget/14/hl-compact.htm.

　　② 斯坦利·杰文斯，《煤炭问题：关于国家发展和煤矿耗竭可能的调查》，伦敦：麦克米伦出版公司，1866。

的生产层面。

除了碳强度（二氧化碳排放量和国内生产总值之间的比例），材料强度（原材料消费量和国内生产总值之间的比例）和能源强度（一次能源消费量和国内生产总值之间的比例）也能够体现生产的物质性和经济增长。而能源投资回报率就是其中一个指标，体现了可利用能源数量和用于生产的能源数量之间的关系。这个物理指标与经济领域的国内生产总值没有直接联系，但是能够反映经济依附于能源的便利性。当能源投资回报率低于1时，人们投入更多的能源来开采用于生产的一次能源：这是一个能源的无底洞，而这种能源也不再是一种可能的能源来源。

目前各类能源的投资回报率呈下降趋势。大量可用能源被用于生产一次能源。石油的能源投资回报率从二战后的50：1到现在的15：1，而某些资源的比例更是相当小，比如加拿大油砂油的比例不超过3：1[1]。而且除了页岩油和燃料乙醇，其他能源的比例更低。正如动量研究所的蒂埃里·卡米内尔所说，"人们需要更多的一次能源来生产同样数量的财

---

[1] 布吕诺·泰瓦尔，《能源净减少，人类世的终极边境》，2013年12月研讨会，动量研究所 www.ins-titutmomentum.org/wp-content/uploads/2014/01/La-diminution-de-l'énergie-nette.pd.

富和服务,这与脱钩完全背道而驰①"。

走向能源的同类相食

面对这个情况,众多专家希望科技创新和技术进步能够达成理想的脱钩,大大减少化石能源在生产中的投入。在《第三次工业革命》②一书中,杰里米·里夫金把科技突破当成灵丹妙药,包括科技的创新和普及,认为科技能够解决我们目前面临的问题,尤其是气候变暖带来的问题。经济学家埃卢瓦·洛朗对未来和科技创新充满信心,认为"脱钩不是一个'神话':这是一个有用的框架,也是一份全球经济未来三十年发展的路线图,尤其是对于发达国家而言③"。

目前大多数人对最清洁的技术持有坚定不移的信念,相信它能够带领我们摆脱麻烦,其中也包括那些批评"绿色增长"理念的人。弗朗索瓦·奥朗德的前生态部长帕斯卡尔·康范说:"现在全世界都拥有能源、建筑和交通领域的最清洁

---

① 蒂埃里·卡米内尔,菲利普·弗雷莫,盖尔·吉罗,奥萝尔·拉吕克,菲利普·罗曼,《为污染更少而生产更多,不可能脱钩?》,巴黎,早晨出版社,韦布伦研究院,2014: p. 22.

② 杰里米·里夫金,《第三次工业革命:侧面力量将改变能源、经济和世界》,巴黎,自由链接出版社,2012.

③ 埃卢瓦·洛朗,《应该阻止脱钩吗?》,牛津进修学院,《辩论和政策》,2011:120, p. 253.

的技术，因此我们离2℃的目标非常接近。"他又解释道，"破坏性创新是必要的。""破坏性创新与快速发展类似。1961年约翰·费茨杰拉德·肯尼迪决定人类将在十年后第一次踏上月球，此时就应该进行快速发展①"。帕斯卡尔·康范相信，我们会到达（或者已经到了）"走向低碳经济的临界点②"。

这个观点无疑过于乐观，过于推崇科技，而且对我们所生存的地球的物质限制考虑不足。蒂埃里·卡米内尔认为"大幅增加化石能源消费"是不现实的，而且"就我们修正技术体系的进度而言，我们是有限的"③。约书亚·皮尔斯认为，我们正面临着"能源的同类相食"。当能源体系需要"使用发电厂或者现有的能源生产设施的能源"时，能源的同类相食就出现了④。工程师菲利普·比胡克斯则认为，我们需要使用在

---

① 帕斯卡尔·康范，《气候：通过30个问题了解巴黎峰会》，巴黎，早晨出版社，2015. p.131.

②《帕斯卡尔·康范认为，我们处于走向低碳经济的转折点》，《诺维迪克》，2015-05-21。www.novethic.fr/empreinte-terre/climat/isr-rse/pascal-canfin-nous-sommes-a-un-point-de-basculement-vers-l-economie-bas-carbone-143315.html.

③ 蒂埃里·卡米内尔，菲利普·弗雷莫，盖尔·吉罗，奥萝尔·拉吕克，菲利普·罗曼，《为污染更少而生产更多，不可能脱钩？》，p.24.

④ 约书亚·皮尔斯，《快速发展和能源同类相食提高了温室气体减排技术》，《气候》，2008。

更加艰难的环境中开采的金属,但是这种开采活动所需的能源数量更多。因此,全球 10% 的一次能源用于金属的开采和精炼[①]。所以,绝对意义上而言,可再生能源和提高能源效率的技术的推广在这段时间内受到了限制。这些因素不会阻碍可再生能源和更高效技术的发展,但会降低我们对未来技术突破和新兴技术大规模推广的期望。

而且能源不是我们经济体系和能源变革项目中的唯一一个物质限制。众多种类的金属已经接近生产巅峰——更不用说已经出现过的巅峰:2011 年磷酸盐的生产达到巅峰,2015 年铁将达到巅峰,2020 年就轮到铜了。就储量而言,银、氟、锡、锌、镍等多种元素的开采年限仅剩二三十年了。短期内用生产过程和能源节约技术代替现存的经济体系是不大可能的:大量必要金属正在耗竭,并受到强大的地缘政治的压力。蒂埃里·卡米内尔说,在很多情况下(交通、可再生能源、新兴的高能效技术),"某一部件无法获取之后,产品的整个生产过程就会受阻[②]"。这就是李比希的最小因子定律。

[①] 菲利普·比胡克斯《低科技年代:走向技术可持续文明》,巴黎,瑟约出版社,2014. p. 66。

[②] 蒂埃里·卡米内尔,菲利普·弗雷莫,盖尔·吉罗,奥萝尔·拉吕克,菲利普·罗曼,《为污染更少而生产更多,不可能脱钩?》,p. 25.

经济的去物质化秘密

生产过程中用技术进行能源代替,这个假设目前还没有得到广泛的验证。可再生能源不代替化石能源,而是进入已有的能源结构。另一方面,新兴信息通信技术的普及不会促进全球经济的生产和消费过程的去物质化。这也是欧盟的"里斯本战略"和"2020年欧洲战略"[①]的论点之一:引导欧洲经济转向绿色增长体系,转变为拥有最具竞争力的知识和服务的经济体。在生态全球化的理论中,今天的绿色投资可以转变为明天的竞争优势,由此可以认为,对抗气候变化的斗争与追求竞争力的活动是相兼容的。

现在这些论据已经被淘汰了,如果缺乏物质基础,即不再大量消费能源和原材料,那么非物质经济就无法发展。经济学家托马斯·科特若和让·盖雷解释道:"一台标准的办公电脑在生产和运输上要产生1.3吨二氧化碳。在一个可持续发展的世界中,每个人每年的二氧化碳排放量不应该超过1.7~1.8吨(2050年按90亿人口来算,人均排放量不应超过1.2吨)。不算上电脑运行耗费的能源,仅仅一台电脑就会占据一

[①] "2020年欧洲战略"是欧盟从目前到2020年间采取的发展策略。欧盟委员会,《智能的可持续性包容增长策略》,http://ec.europa.eu/europe2020/index_fr.htm.

个人四分之三的年均排放量。当前信息工业的增长模式建立于产品性能的持续增长和产品极速的更新换代之上，是不可持续的[①]。"多项研究表明，我们的经济体系具有物质性，但是国际机构和各个政府仍然蛊惑人们说，我们需要普及新兴技术、进行创新，来改善现状。

"信息资本主义"对资源施加了一个巨大的压力。仅数字经济就占了世界电力总产量10%[②]。一些报告显示，数据中心非常耗能：它们会消耗全球近2%的能源。谷歌、亚马逊和其他信息领域的巨擘承诺将坚持发展可持续能源，但并不能掩盖其能耗大的事实。相反，尽管暂时还无法替换掉化石能源和核能源，但在全球数据中心爆发式发展的现状下，我们很有可能将可再生能源的生产纳入到全球能源结构当中。但这一举措可能无法促进全球经济的完全去碳化。第三产业还未如预期一样成熟发展起来，但众多发展中国家和发达国家的国内经济却呈现再原生化趋势。

---

① 托马斯·科特若，让·盖雷，《可疑的绿色增长》，《欧洲贸易联盟协会政策简报》，欧洲经济、社会和就业政策，2012:3。

② 《数字经济消耗了全球10%的电力》，《回声报》，2013-08-27。www.lesechos.fr/27/08/2013/LesEchos/21508-067-ECH_l-economie-numerique-consomme-10-de-la-production-mondiale-d-electricite.htm.

被遗忘的节能政策和社会创新

有关绿色经济和经济非物质化的报告和倡议仅限于从更高能效的角度来实施节能政策，而且还忽视了"杰文斯悖论"，即忽略了真正的能源变革和节约政策所提出的政策选择。然而从恒定技术的层面来说，不超过2000年消费的资源量意味着减少工业国家能源消费量的三分之二[1]。

经济学家吉姆·杰克逊认为，依据科学家的倡议来减少碳排放量，那么就要求经济生产的平均二氧化碳含量低于40克/美元，为全球平均量的二十一分之一。如果考虑到最落后国家的公平和经济增长，那么这个数据会增加到55克/美元。而考虑到富裕国家的经济增长目标，那么这个数据就会超过130克/美元。"资源利用效率、可再生能源和物产减少对维持经济活动的可持续性具有基础作用。但是根据分析，不解决市场经济的结构问题，人类还是有可能依靠减少碳排放量和能源使用量来维持经济发展[2]。"技术革命前，范式的改变是

---

[1] 联合国环境署，《将自然资源利用和环境影响与经济增长脱钩》，2011。www.unep.org/resourcepanel/Publications/ Decoupling/tabid/56048/Default.aspx.

[2] 吉姆·杰克逊，《无增长的繁荣，迈向可持续经济的变革》，布鲁塞尔，德伯克公司，2010。

社会的经济和政治的转变。科技进步本身无法解决生态危机。

这些推广绿色技术的报告绝口不提推动生态变革必须进行的社会和政治创新。技术应该简单上手，因地制宜，能够满足人民的需要。这种方式寄希望于耗费巨大的措施和高科技领域的投资，忽视了在变革中的创新以及人民动员运动。大量研究和实践体现了高端科技如何与低端科技[①]相结合，或者高端科技如何被低端科技代替。在能源方面，有可能是小型水利发电站、农村和社区的风力发电机以及太阳热能，代替大型风力发电系统或者巨大而坚固的太阳光电系统。但不可否认，安装大型可再生能源的生产设备是必要的。

在农业方面，高产量的现代周边生态农业需要结合理论与实践。理论和实践不是由科技创新所得，而是来自于新知识和实践所得知识的结合。农民生态农业的实践发展不需要物质和农用工业产品的大量投资。恰恰相反，它极大地要求适用于实践项目和实践土地的技术创新和社会创新。

在交通运输方面，变革不仅仅在于推动大型公共交通设施的建设，也在于推广运输模式。新的运输模式依靠着成熟的技术，不需要科技创新。通过民间和研究机构的实践与理论的结合，可以开始社会创新，发展因地制宜、满足人民需

---

① 菲利普·比胡克斯，《低科技年代》。

求的运输方式。技术的投资、变革和推广问题没有在同一时期出现,也不处于同一个政治、地域和货币的层面。

为了反对采矿的变革

因此聚焦于技术创新会带来很大的不确定性,不仅使能源变革不受政治影响,也会将能源变革降级为技术问题:什么技术或者怎样的生产流程能够代替另一种呢?这种方式不考虑能源变革的生态、社会、经济、政治和民主层面的问题,仅关注一个或两个参数,尤其是碳排放量。通过技术价格的简单调整或者通过某些领域的巨额投资就能实现的绿色经济禁不起现实的考验。假如这个体系能从根本上减少经济增长的碳强度,那么就不可能实现生产和碳排放两者的彻底脱钩。无限制的经济增长只会给地球上的人类带来灾难。人类利用新技术不断采矿,超出了地球承载能力,可见资本主义在矿业领域已经金融化了,深陷于采矿黑洞之中,毫无出路可言。除了停止挖掘,开始一场反对采矿的变革,人类别无他法。

摆脱技性科学的幻想

> 人们对技性科学奇迹的信仰持续着,
> 沉浸在如超级英雄故事一般的想象之中,
> 认为绅士会在最后一分钟救人们于水火。
> 地球工程学的巨大承诺就建立在这个幻想之上,
> 而这个幻想是西方文化的一厢情愿最有力的形式。
> ——娜奥米·克莱恩 《改变一切:资本主义和气候变化》
> 2015 年

气候谈判和政策不会减少温室气体排放量,雅克·阿塔利认为一切已成定局。因此我们需要执行备用方案,"转向碳捕捉技术的发展""增加地表森林覆盖率和海中浮游植物的数量,因为两者都能通过光合作用吸收二氧化碳",或者"改变地表反射率,在太空中放置反光镜,在云层中喷撒海盐增加厚度，以便反射太阳光线，阻止阳光加剧温室效应[①]"。你都看到了，雅克·阿塔利想在太空中放一些镜子。

这（完全）不是科幻小说。因为碳捕捉项目数量的发展快于温室气体减排政策的发展。碳捕捉和储存技术需要大量能源和资金，能够捕捉工厂烟囱里排出的二氧化碳，并将之埋藏在地下。为了维持发达国家的产业化农业，一些国际机构、跨国集团和国家希望通过种植转基因作物将小户农民的土地变为"碳井"。地球上的森林正通过一些项目变为"碳井"，尤其是"减少森林砍伐和退化造成的温室气体排放"项目[②]。污染者通过这些项目投资"森林碳井"的保护工作——包括植树造林，由此就不必减少自身的碳排放。农业领域也是如此[③]。碳补偿就是用目前排放在大气中的二氧化碳换未来捕捉及储存的等量的二氧化碳。在交换中我们失去了气候，而不

[①] 雅克·阿塔利，《第21届联合国气候变化大会还有什么用？》。

[②] "减少森林砍伐和退化造成的温室气体排放"项目鼓励发展中国家减少因森林砍伐和退化造成的温室气体排放，旨在给森林中储藏的碳赋予金融价值。但是该项目饱受指责，因为它将森林等同于碳储藏器，而忽略了生态系统本身的复杂性，而且给居住在森林中的或者使用森林资源的居民带来了消极影响。

[③] 阿塔克（法国课征金融交易税以协助公民组织），《受制于碳金融和跨国公司的气候智能农业》，2015-03。https://france.attac.org/IMG/pdf/note_climate-smart.pdf。

是那些污染者。

那些不想冻结化石能源的人的想象力是无限的。有些人希望从政策上寻求出路，来对抗气候混乱。大范围的操控气候的实践使得一些科学家、工业家和金融巨头抱有控制自然的空想。在地球工程学中，从控制太阳光线到给海洋砌上铜墙铁壁，一系列科学技术能够减少或者减缓气候异常。因此地球工程学被视为一种能够拯救人类的几近奇迹的科学，并广受推崇。人们认为，有了地球工程学就不用减少化石能源的消耗，还不用承担消费化石能源的消极后果。

气候问题专家克莱夫·汉密尔顿强调："质疑气候变暖真实性的人对气候工程有着越来越浓厚的兴趣[1]。"各类石油专家和工业家、发现"摇钱树"的曾经的气候变化怀疑论者、美国的智库和保守党议员等人希望用新的方式来代替所谓的"绿色协定"。军事势力也控制了这个领域。物理学家大卫·基思和大气科学专家肯·卡尔代拉也是这一派的，他们被气候谈判和公共政策危害气候的不作为所震惊，从科学上为替代理论和相关项目作出了保证。比尔·盖茨和理查德·布兰森等商业巨富也准备在相关领域的研究和试验中投入数百万美元，由此可见，地球工程中利益关系过于复杂，难怪会引起人们

---

[1] 克莱夫·汉密尔顿，《气候的麻烦鬼》，巴黎，瑟约出版社，2013。

的担忧。

人类可以考虑一些完善成熟的技术和主张。克莱夫·汉密尔顿认为这些技术和主张中有八项值得实验，而其他的不过是"纯幻想"。

地球工程技术包括太阳光的管理技术。1991年，皮纳图博火山爆发，在大气中释放了大量物质，以至于一整年内地球平均温度下降近0.5℃。那些幻想家的目的是什么？在大气中释放硫黄色颗粒（通过大量飞机、25千米高的烟囱等），反射一部分太阳光，阻止温室效应的加剧。诺贝尔化学奖获得者保罗·克鲁岑是这些技术的坚定拥护者，他估计每年需要释放500万吨的硫黄颗粒才能阻隔2%左右的太阳光线！

2011年，众多非政府组织为了环境公平而发表了一封公开信[1]，要求政府和英国研究机构放弃饱受争议的"向平流层注入粒子的气候工程"试验。该试验需要用到水，其目的在于检测向平流层注入粒子的操纵设备。但是非政府组织拒绝整个试验，防止其成为先例和既成事实：2010年名古屋（日本）《生物多样性公约》已经决定延期地球工程活动，而且非政府组织认为应该遵守这项公约。太阳光管理技术会对降雨

---

[1] 向平流层注入粒子的气候工程，《致英国能源与气候变化大臣的信》，www.etcgroup.org/sites/www.etcgroup.org/files/publication/pdf_file/SPICE-Opposition%20Letter.pdf.

形成不可控的影响，在很多地区会对食品安全和公众健康形成影响，尤其是亚洲地区。最后一个重要的反对意见：实施这些技术是不可能的。只有在全球层面实施这些技术，才能形成一些影响。然而一旦开始应用这些技术，就不可能停止了，将会面临加剧气候异常的风险。所以，人类还需要几个世纪才能真正开始使用这些技术。

另一类大型地球工程技术是碳捕捉技术，无疑也是最先进的技术。海洋被视为最大的"碳井"，具有重要的地位：浮游生物通过光合作用捕捉碳，提供了地球上一半以上的氧气。从20世纪90年代初开始，人类进行了十多项试验，在合适的区域播撒铁肥，以促进海洋浮游生物的繁殖。这些试验在合法的条件下实施[1]，但没有取得成功[2]。浮游生物在施肥的试验区域无法持续大量地繁殖，而且生态环境在短期内受到了很多不可控的影响。如果扩大试验规模，那么风险就会加剧。

众多科学家一致认为不应该采用地球工程技术。美国国家科学研究委员会最近的一项报告显示："人类为了验证地球

---

[1] 苏菲·沙佩勒，《当富有的气候流氓想要操控海洋》，《巴斯塔！》，2012-10-23。www.bastamag.net/Quand- un-riche-voyou-du-climat.

[2] 雅各布·科希，《铁屑可能不是二氧化碳的魔力钉》，《薄荷新闻》，2011-10-10。www.livemint.com/Politics/VZQ8BON- QObLA3uFSbs3s3H/Iron-filings-may-not-be a-magic-fix-for-carbon- dioxide.html.

工程技术的合理合法性而介入环境,但我们对可能出现的后果尚未掌握足够的信息……不降低碳排放量而试图改变反射率是不合理、不负责任的[①]。"报告中还提到:"通过改变反射率来解决气候问题,这个想法根本就是极其愚蠢的[②]。"特别是因为要打乱温室效应机制,就需要在几千年里不断地改变反射率。

这些技术从本质上讲与预防原则相悖,根本没有解决气候异常的源头问题。地球工程技术避开问题的核心,让我们相信技术能够将人类从其活动的恶果当中解救出来。科学技术的发展不是万能药。而科技的神话让人以为科技是未来解决问题的唯一方式。

[①] 美国国家科学院,美国国家工程院,美国国家医学院,《气候干预:二氧化碳去除和可靠封存》和《气候干预:反射阳光来冷却地球》,http://nas-sites.org/ americas-climatechoices/public-release-event-climate-intervention-reports.

[②] 雷蒙德·皮埃尔森伯特,《气候黑客狂吠》,2015-02-10,www.slate.com/articles/health_and_science/science/2015/02/ nrc_geoengineering_report_climate_hacking_is_dangerous_and_barking_mad.single.html.

3

开启变革

金融市场、神奇科技和超级英雄都不能将人类从气候混乱当中救出来。技术商人的某些建议并不足以开启真正的能源变革：其实这只是一场骗局。能源体系是社会发展的物质基础之一。而过度采矿和气候异常会削弱这个基础，弱化能源体系的弹性和适应性；能源体系自身的惰性和保守势力会阻碍能源体系的发展加剧形势的恶化。

脆弱的化石能源体系和可再生能源体系之间的过渡不取决于新的能源分公司的开设和新技术的普及。能源变革需要深入的转变，能够触及人类生存及政治、经济和社会机构模式的方方面面。开启变革需要知道从哪里开始。本书将会提出一些有待讨论的观点，或能帮助人类在艰难的道路上找准方向。

停止一切，好好反思

> 难处不在于理解新观点，而是在于摆脱旧观点。
>
> ——约翰·梅纳德·凯恩斯

变革"并不悲惨"[1]。难道我们还没到停止一切、讨论出路的时候吗？回头审视能源体系的历史，我们能知道为什么有可能在不同的历史阶段从一个能源体系跨越到另一个。让-克洛德·德贝尔、让-保罗·德莱亚热、达尼埃尔·埃默里等历史学家认为："变革中会出现两种可能，一种是社会、经济和政治时机具有决定性，另一种是生态或者技术条件占主导。"当然，在大部分时候"两类过程交互影响变革[2]"。在能源变革中，气候、能源、政治、经济、社会、民主和技术等

---

[1] 漫画"01年"，1970-1974年发表，台词"停止一切，好好反思，并不忧伤"。

[2] 让-克洛德·德贝尔，让-保罗·德莱亚热，达尼埃尔·埃默里，《能源历史》，巴黎，《发现》，2013，p. 28.

因素错综复杂，贯穿整个变革过程。

历史学家蒂莫西·米切尔认为，大量的化石燃料的开采让20世纪的民主发展成为可能[1]：我们政治制度不是纯粹的政治实体。政治体系已经嵌入了化石能源给予的物质性当中。由煤炭到石油的过渡不限于在国际市场框架中引入新能源、广泛的实践性和极端的能力。石油已经深刻地改变了政治，推动实施持久的经济增长体系。米切尔认为，更好的是"石油易于获得且储量丰富，让经济和发展成为20世纪中叶的政治新目标[2]"。石油和发展属于公共政策的范围，也卷入了这个错综复杂的关系当中。

从未走出煤炭时代

回顾历史会发现，没有一场能源变革能用一种能源完全代替另一种[3]。新能源总是加入到旧能源行列当中，而不是真正代替旧能源。全球能源结构中不同类型的能源比例会因时而变，但每一种能源的消费量都会不断增加。因此可以说，我们从来没有走出煤炭时代：人类从来没有像今天

---

[1] 蒂莫西·米切尔，《碳民主：石油年代的政治能力》。
[2] 蒂莫西·米切尔，《石油统治制，碳时代的民主》。
[3] 让-克洛德·德贝尔，让-保罗·德莱亚热，达尼埃尔·埃默里，《能源历史》。

这样从地球的深处开采出如此多的煤炭！我们更没有走出化石能源时代[①]。

如果说化石燃料促进了民主发展，那么这些物质也确实限制了人类的发展。米切尔说，"二战"结束以后建立的经济、货币和贸易秩序极度依赖于石油的大量开采和石油的物理性质。石油的相对衰竭——从世界经济的角度而言，而非气候角度——对我们经济金融体系的适应力和弹性提出了考验。如果度过了传统能源的巅峰期，那么当主要的矿床都竭尽之后，人类将会面临什么？

答案并不明显。直至现在，全球能源体系完全是不可持续的，它用强大的弹性弥补了自身的脆弱性。"全球能源体系每天都在不断发展。在同样的社会和政治压力之下，它迫切需要在地球能源开采之路上走得更远更深[②]。"然而能源体系还不能从气候混乱和生态破坏两方面来着手解决失衡问题，消弭它带来的影响，而且也无力实现对大众消费普及化的承诺。

[①] 一系列生态系统链将化石能源传递给人类。

[②] 让-克洛德·德贝尔，让-保罗·德莱亚热，达尼埃尔·埃默里，《能源历史》，p. 28.

哪种替代能源体系

就像德贝尔、德莱亚热、埃默里[1]所提到的，所有的政治或社会革命和政治体制都不会真正地、持续地质疑当今社会的经济和政治的物质基础，尤其是能源体系。左派的立场观点不会彻底否定或拒绝传统能源。不创造新的能源体系而实施替代措施，这可行吗？我们认为不可能。

那么要采用哪种替代能源体系呢？正如我们在整本书里所看到的，把五分之四的已探明化石能源冻结在地下的要求是合理合法的。但是从一些历史教训的角度来看，这是一场豪赌。化石能源公司和生产国不想放弃他们赖以生存的"气候炸弹"。然而全球经济体系（积累模式、贸易和金融体系、科学技术创新）增强了当前能源体系的有害环境的惰性。

要让能源政策摆脱经济理性的教条，走出化石时代，就意味着用"建立在可再生资源的经济稳定性上[2]"的体系来替代建立在无度的自然资源开采之上的经济增长模式。这种新的能源体系要求我们回头审视我们的能源利用方式，放弃生

---

[1] 让-克洛德·德贝尔，让-保罗·德莱亚热，达尼埃尔·埃默里，《能源历史》，p. 421.

[2] 让-克洛德·德贝尔，让-保罗·德莱亚热，达尼埃尔·埃默里，《能源历史》，p. 533.

产本位主义和浪费，并重新定义我们与自然建立的关系：能源体系位于人与自然之间，部分程度上构建了我们与周围生态系统的关系。

我们谈的是什么变革[①]

有关变革的讨论往往局限于能源公司的技术层面，确定如何用一些能源代替另一些。不管那些"了解情况的人"是不是真正的能源专家或技术人员，总之他们希望局限在谈论上。市民被排除在这个话题之外，因为它被认为过于复杂和技术性，然而公众应该参与其中，共同讨论页岩燃料、可再生能源和核能源对社会结构和经济结构的影响：谁会从能源中获利，如何做，用什么名义来实现？

为了定性这场能源变革，我们不得不采用递归目的论：由一些具体对象（如二氧化碳排放、能源消费水平、能源结构等）来定义的目标状态能够确定我们采取的变革吗？公众讨论主要涉及一些目标的程度，似乎能够定义目标状态和过程。这些过程本身能够在一段时间内通过变化曲线而表现出来。目标状态和过程的社会、政治和经济方面还未明确。例如，根据法国的能源变革和绿色增长法案，到 2050 年温室气体排

[①] 针对变革特征的讨论很大程度上来源于尼古拉斯·埃尔林格在"能源变革的政治之路"研讨会的发言，2014-09-27/28，里昂。

放量减少四分之三，到 2030 年化石能源消费量减少 30%。但是该法案没有提出以上目标所涉及的国家和地区的经济、政治和社会结构的（经历的或者希望得到的）转型[①]。

这场变革自称是先兆的、目的论的、表述行为的及普遍的，能够带来一些改变。"先兆的"是因为目标状态能够提前确定，"目的论的"是因为变革的结局是好的，"表述行为的"是因为目标状态确定了将要实施的政策，而从揭示未来的方案中获得启发，知道如何进行管理。"普遍的"指的是能源变革没有地理限制，描绘了覆盖全球的去本土化的目标，而且对变革的定义没有限制。

不管"变革"的核心是机构还是群众，利用揭示未来的方案的全球化来辩护变革行为的倾向是强烈的[②]。能源变革的活动者预警了将来的灾难，尤其是气候灾难，尝试确定变革应该走的路径，如"负瓦特"方案[③]等，他们用未来建立了一个管理形式。如果一些组织可以根据生态警戒线来确定目标状态，对未来建模指出技性科学路径，那么它们就获得了优势。

[①] 法国国民议会，《促进绿色增长的能源变革法案》，www.assemblee-nationale.fr/14/ta/ta0519.asp.

[②] 参考政府间气候变化专门委员会的报告以及相关方面的前景报告

[③] 能源变革方案：www.negawatt.org.

未来方案的实施或需几年，或需几十年，但必须实施，因为目前情况紧急，而且存在着替代能源。人们的信念及现实能够用能源变革的合理性说服优柔寡断者和顽固者，因为他们也是巨大利益和变革要求不协调的受害者。尝试用新报告、新数据来让他们明白自己的错误，难道他们最终还不能意识到生态变革不是敌人吗？难道还会有执迷不悟的人吗？

一场无关政治的、毫无争议的变革

通过"行动的紧迫性"的愿景，变革的概念能够丰富变革的过程，过程中好的见解、意愿和一些提议足以定性变革的主旨、路径、参与的意义和"变革者[①]"能够做的事情。变革也可以作为一种广泛平息社会转型矛盾的关系出现，社会转型建立在有关预兆和试验的政策之上。群众运动通过当地代替方式的推广和发展而发展，某些需要变革的斗争领域要求群众运动采取内含性的参与方式。我们可以质疑，要激发尽可能广泛的活力，是否需要保持变革具体内容的模糊性。

"过渡城市[②]"运动突出了其不问政治和拒绝识别政治敌人

[①] "变革者"一词最早出现在英语当中，之后在法语中的应用越来越广。

[②] 罗布·霍普金斯《过渡手册：从石油依赖到地方弹性》，蒙特利尔，生态社会，2010。罗布·霍普金斯《它们在改变世界！1001个生态过渡倡议》，巴黎，瑟约出版社《人类世》，2014.

的特点①，不再定位于社会运动中更普通的对抗力量。因此局内人批评这个活动，认为过渡城市遗忘了斗争初衷——为获得预期改变而斗争。某些组织和个人期望实施"变革"，建立一个符合众人美好意愿的，既有内含又具有参与性的广泛联合，但变革的争议和争议性成为了他们的障碍。他们行动的关键在于形成本地组织的"弹性"，在过程当中坚持斗争——不仅仅在于改善社会力量和结构的关系。

因为我们不能将决策者的不作为视为信息缺失的结果，或者视为一种坚定政策的结果，我们批评后者为一种变革的非政治化手段。我们最好能够指出责任和不公平之处，并识别敌人。因此就像书里提到的一样，将化石能源列为危险品，视为"流氓工业"或者"文明延续的头号敌人"②。其实这种想法很简单：阻止某些势力的行动是为了控制对改变毫无兴趣的人，并发掘他们影响变革进程的能力。这样看来，识别敌人非常关键，能够帮我们理解他们阻碍变革的原因，确定合适的策略，为市民的不配合行动、占领和反投资运动做出

---

① 保罗·查特顿，爱丽丝·卡特勒《不问政治的环境保护主义？关于过渡的辩论》，蒙特利尔，生态社会，《弹性》，2013-05.

② 马克西姆·孔布，尼古拉斯·埃尔林格《抵制石油工业——文明延续的头号敌人》《巴斯塔！》，2014-04-15. www.bastamag.net/Boycotter-l-industrie-petroliere.

合理解释。

当要求所有人在能源变革中承担责任时，能源变革优于社会体吗？社会取消了生态危机中对责任和受害者的划分，那么在忽视不同的责任和能源分配不公平的同时，能源变革的某些措施难道与同呼吸共命运的社会整体的看法不一致吗？

"变革者"是谁

"变革者"希望实施具体的代替方式，有指导变革的报告和坚定的信念，那么他们就是变革的主体，是实施变革的人吗？如果是这样的话，这是不是就意味着不管是谁，不管他在社会和所在的社会阶层中处于什么地位，都可能成为变革的主体？那么变革者是否能够因为变革而纠集一群由雇主和雇佣者、富人和穷人、强大的人和脆弱的人组成的跨阶级联盟来跨越"传统"鸿沟呢？

我们和德贝尔、德莱亚热、埃默里都提到"化石能源基础上的工业化把工业国家的消费者变成了靠煤炭、石油和自然获利的人"，那么一个具有争议性的概念产生了。大自然经过亿万年制造出不可再生的化石能源，为进入消费社会的人带去利益，但是"石油公司、资本主义和工业社会主义都不会考虑化石能源消费行为的长期后果①。所有的"变革者"都是真心希望实施变革，冻结化石能源并放弃这部分收益吗？

这种实用主义的方法——从各个机构和公民社会的角度而言——非常具有诱惑力。与其陷于对未来社会的无休无止的讨论当中，讨论我们现在所处的社会和将会远离的社会，或者陷于对"改革或革命"的讨论当中，还不如给出具体的回答——实施能源政策或者进行本土实践。没有长篇大论和激情四射的口号，而是采取"自下而上"的政策，将制订替代性能源—气候方案和维护社区农圃置于同一层面。

同时，正如我们从更高角度看到的，继自然资源之后，自然和气候也正转变为全球精英阶层牟利的新战场。精英阶层被占领运动称为"1%的人"，他们中一部分人否认气候变暖中的人为因素，而另一部分拒绝气候领域的冒险政策，但都试图从气候现状中牟利。事实上，变革的目的与各方利益相冲突，而且没有一个利益共同体会将责任人和受害者混为一谈。不，双赢无法带来变革！走出化石时代不可能没有任何争议！

---

① 让-克洛德·德贝尔，让-保罗·德莱亚热，达尼埃尔·埃默里，《能源历史》，p.532-533.

关注我们的能源未来

> 相比于国家和市场,集体给予个体更多的自由、权利和责任。
>
> 归根结底,国家和市场仅仅促使我们消费,偶尔投票,以及有时候在决策中发挥作用。
>
> 然而往往是远离群众的大型机构控制了决策。
>
> ——大卫·博利埃《集体的复兴:合作和共享的社会》[①]

我们不能让经济、专家和政治层面的势力集团来负责气候稳定、解决化石能源过多的难题。他们的措施和主张是无效的、不适用的,往往具有争议性,甚至有害气候环境。我们应该共同把握我们的能源未来。从亚苏尼国家公园到堵路

[①] 大卫·博利埃的采访,《相比于国家和市场,集体财富赋予我们更多自由和权力》,《巴斯塔!》,2014-04-23。www.bastamag.net/Les-biens-communs-nous-offrent。

运动，我们不缺乏能够冻结化石能源、开启变革的创举、创新和理念，是时候实施、宣传、推广这些东西了。

来自远方的提议

从历史中获得灵感是非常重要的，尤其是直接由群众运动创造的社会创新史。这些群众运动试图从战略高度解决气候混乱问题。

作家卡山伟华是奥哥尼民族生存运动的领袖，曾于1994年获得"绿色诺贝尔奖"——戈德曼环境奖，1995年11月10日与该运动的其他八名领袖一起被尼日利亚的萨尼·阿巴查政府处以绞刑。这场政治谋杀在几年中打击了一些声势浩大的奥哥尼人民运动，该运动旨在揭露石油跨国公司在尼日尔三角洲造成的生态破坏。卡山伟华多次被尼日利亚独裁政府逮捕。他在1993年1月组织了一场聚集三十万奥哥尼人的游行，要求落实"奥哥尼权利法案[①]"。该法案主要包括了奥哥尼人针对跨国公司所犯的环境罪而要求的经济赔偿。2009年6月，壳牌公司被指控参与卡山伟华谋杀案，为了免除美国法庭的制裁不得不支付1550万美元。

卡山伟华去世几周后，尼日利亚"地球之友"组织和厄

[①] 奥哥尼民族生存运动，《奥哥尼权利法案》，1991-12。www.mosop.org/ogoni_bill_of_rights.html。

瓜多尔"生态行动"组织在拉戈阿格里奥举行会议。拉戈阿格里奥位于厄瓜多尔的亚马孙地区，几十年来一直遭受着德士古公司的破坏①。两个组织共同建立了国际石油观察组织，组织发展中国家的环保组织共同对抗石油开采活动。也是在这个会议中产生了"让石油留在地下"运动的想法，该项运动在京都联合国气候变化大会（1997年，第3次缔约方大会）的整个准备阶段中进行。

当各国协商国际温室气体减排协定的时候，发展中国家的社会和生态组织要求对所有新的化石能源勘探和开采工作进行国际延期。他们认为，石油开采造成的土地破坏无疑与气候变暖有着相同的结构性原因：跨国公司免受处罚，因此他们就毫不考虑气候、环境、土地和当地居民，不断增加石油开采量。

不想减排的国家和想减排但不关注发展中国家意见的那些非政府组织，这两方完全无视之前所说的国际延期建议。后者倡导在国际范围内建立有效的生态管理体系，限制化石

---

① 有关德士古公司在厄瓜多尔的行径：与爱德华多·托莱多的会谈，"雪佛龙在厄瓜多尔的所作所为是犯罪，为了维护正义，我们需要承认这场犯罪"，阿涅斯·卢梭，《石油公司雪佛龙遭受了史上最严厉的处罚》，《巴斯塔！》，2012-01-10。www.bastamag.net/Le-petrolier- Chevron- ecope-de-la.

能源开采活动,是一个重要的进步与创举。其目的在于从能源集团和生产国手中夺回矿层开采的决定权,然而群众缺乏决定能源未来的权利。

亚苏尼国家公园接棒

厄瓜多尔生态组织和群众组织提出了"亚苏尼—ITT 倡议",这是一种化石能源开采的替代性建议。国际石油观察组织及其成员一直没有放弃这个想法,十年之后,这一倡议也获得了厄瓜多尔总统和新任政府的支持。1989 年亚苏尼国家公园被联合国教科文组织列为自然遗产。面对石油公司的压力和国家公园完整性不受尊重的现状,"亚苏尼—ITT 倡议"要求不开采伊斯平戈、坦布科卡、提布体尼油田的石油(这三个地区的开头字母缩写为"ITT")。这三个地区占亚苏尼国家公园总面积近 10%。该倡议的目的是:阻止亚马孙地区石油开采战线的推进,保护当地的生态多样性和居民,尤其是当地"与世隔绝的"[1]居民。亚苏尼地区对污染非常敏感,是世界经济版图上厄瓜多尔较贫困的地区之一,也是生态版图上较富足、较具生态多样性的地区之一[2]。

---

[1] 自行决定不与其他人群进行交流的人群。

[2] 此处有 696 种鸟类、2274 种树、382 种鱼类、169 种哺乳动物、121 种爬行动物以及数千种昆虫。

2007年，拉斐尔·科雷亚政府的能源部长阿尔贝托·阿科斯塔表态，支持生态运动提出的要求。厄瓜多尔的生态运动出现于政治领域，后来蔓延到政府领域。而生态运动的要求以总统和政府承诺的形式出现，目的在于放弃开采9亿桶原油。这个数量占厄瓜多尔石油总储量20%，等于全世界10天的石油消耗量。该承诺也被视为走向后石油时代的第一步。2008年厄瓜多尔新宪法通过，亚苏尼倡议步入新阶段，象征着符合宪法的新权利和新原则开始实行，尤其是指与世隔绝的土著居民的权利和自然的权利。土著居民和自然的权利是新宪法中的一大创新。

这个提议引起了人们的强烈兴趣，而哥本哈根大会和国际气候谈判的困局中想喘一口气的人也乐见其成。厄瓜多尔承诺会通过保护环境、维护生态多样性来维护全世界人民的共同利益，那么反过来它也要求国际社会提供等值的金融援助，大约为36亿美元，分十年发放。厄瓜多尔提出这个要求，是为了支持后石油时代的活动，促进变革。例如推动可再生能源的发展，鼓励进行低碳活动、建设低碳设施，促进植树造林等。2010年厄瓜多尔政府和联合国开发计划署签署了一份协定，决定建立一个接收国际援助的特别基金会，此后金融援助建议在国际上具有了更重要的意义①。

原本厄瓜多尔预计3年内能收到36亿美元,但真正只获得了1300万美元,还有1.16亿美元仅是承诺。这个数字对于厄瓜多尔总统和政府而言实在太少了。拉斐尔·科雷亚很愤慨:"整个世界放了我们鸽子。"他最终允许在亚苏尼—ITT地区进行原油开采活动,与生态组织和厄瓜多尔土著居民的意愿相悖,后两者没有放弃将石油留在地下的想法。"亚苏尼多"和亚马孙保护组织共同组织了反对总统决定②的游行,在国际社会的支持下竭尽全力阻止石油的开采。

全球亚苏尼化

多年来,生态组织和厄瓜多尔土著居民的活动为全世界树立了典范。"让石油留在地下"不仅仅是一句口号,而是一种对抗跨国公司和各个政府的采矿想法的武器。"让石油留在地下"的影响力已经超出了这个项目本身具有的影响力。在秘鲁、玻利维亚、巴西等众多国家,亚苏尼国家公园动员运

---

① 联合国开发计划署管理局声明,2010-09-01. www.undp.org/content/undp/fr/home/presscenter/speeches/2010/09/01/helen-clark-statement-to-the-executive-board-of-undp-unfpa.html.

② 马克西姆·孔布,《让石油留在地下:捍卫亚苏尼的斗争正在继续!》,巴勒斯坦团结互助组织,2013-11-06. www.palestine-solidarite.org/analyses.maxime_combes.061113.htm.

动引发了大量有关冻结化石能源储量的运动和思考。然而这些有关停止开采化石能源的呼吁活动还没有普及到全球。

非政府组织、大学和研究者组成的"环境正义组织、债务和贸易"联盟发布了一则有关不应该开采化石能源的报告，倡导要从最脆弱的生态体系开始，禁止化石能源开采，将全球亚苏尼化[①]。该联盟参考了所有相关项目的环境影响研究，从而做出了这个决定。"环境正义组织、债务和贸易"联盟倡导实施明确建立的标准，以便将环境影响降低到最小，尤其是二氧化碳排放、生物多样性减少、土地利用和水源消费等方面。同时也能尊重当地居民（不管是不是土著居民）的知情权和项目预先咨询权等权利，还能保护当地土地。

为了将来能够实施这些建议，"环境正义组织、债务和贸易"联盟也主张建立国际基金会，资助一些决定冻结化石能源的国家政府、地方政府和居民。欧盟已经在原材料开采方面采取了行动，该联盟认为自己应该资助一些避免原材料开采的项目。这个基金也能够与投资相结合，以便支持全球后化石时代的能源变革，尤其是在饱受石油开采摧残的地区（亚马孙地区、尼日尔河三角洲等）。

---

① "环境正义组织、债务和贸易"联盟，《走向后石油文明：亚苏尼化和其他让化石燃料留在地下的倡议》，《6号报告》，2013-05。www.ejolt.org/wordpress/wp-content/uploads/2013/05/130520_EJOLT6_High2.pdf.

欧盟国家为了证明其实施后化石变革的意愿，立刻修订它们的采矿法，以便取消领土和领海地区所有的化石燃料勘探行动。法国多年以来都在研究如何修订采矿法，并且定期出台经过修改的新采矿法。如果一个政府坚信气候问题的紧迫性，那么除了颁发水力压裂法禁令之外，这个政府还有机会走得更远，能够明确表达让化石燃料留在地下的必要性，以便有效对抗气候异常。希望在历史上留下一笔的大人物有一个任务，他们需要根据反页岩燃料组织的要求来拆除气候炸弹。

从"堵路运动"到能源变革

人民不能再沉默了。三分之一以下的法国人（30%）和四分之一以下的企业家（23%）认为页岩气开采和能源变革能够"互相兼容"①。然而60%以上的受访者都反对开采页岩气②。在能源变革的时期无法寻找新的碳氢能源。能源难题摆在我们面前，希望阻止能源开采的人由此思考替代方式。这

---

① 为欧洲气候基金会做的哈里斯民意调查研究，《法国人，企业领导者何能源变革》，2013-04。www.harrisinteractive.fr/news/2013/13062013.asp.
② 《60%以上的法国人反对开采页岩气》，《世界报》，2014-10-02。www.lemonde.fr/planete/article/2014/10/02/plus-de-60-des-francais-contre-l-exploitation-du-gaz-de-schiste_4499448_3244.html.

是反对页岩燃料的群众组织目前面临的挑战。当我们触及到能源问题的关键并寻求替代方式时，一些目标很快摆到了眼前，如节约能源、提高能效、发展可再生能源、减少温室气体排放、增强土地的弹性等。反对页岩燃料开采的指责声音由此成为了能源变革更广泛的范式的一部分。

"堵路运动"类型的动员运动进入了政治领域，能够增强支持变革的群众热情，甚至将这股热情变得极端。该类动员运动能够增强群众热情，是因为"堵路运动"反对破坏居民日常生活的项目，有可能吸引一部分原本不属于传统斗争领域的群众。将热情变得极端，是因为针对危害气候项目推广者的对抗运动表明能源变革问题在人类统一和阶级跨越的过程中是无法解决的，存在很多拒绝必要的经济和能源体系深度改革的敌人。"堵路运动"与化石工业和非可持续能源模式的拥趸进行对抗，研究能源变革的道路。

"堵路运动"极其重视化石能源生产中的生态限制，帮助我们将能源问题再次政治化，能够为我们的能源未来创造出新的集体适应模式。曾经很长时间里某些政治家和专家出身的高官垄断了能源政策方向，但是现在能源政策的方向已经成了公众辩论的主题，而且不再局限于能源替代方法的技术讨论。作为一项群众运动，"堵路运动"拒绝在当今经济和能源体系中采用强夺和欺骗的手段。毫无疑问，这些"1%的人"决定重要的能源方向并从中获取经济收益，他们的利益远远高于剩下 99% 的人的利益。后者人微言轻，但是希望在生态气候灾难中能够继续生存。

让能源变成公共财富

在强取豪夺之下，受到共同管理的公共财富获得了快速发展。人们提出了自然能源的所有权和集体管理的模式。诺贝尔经济学家获得者埃莉诺·奥斯特罗姆认为，能源集体管理的方式优于将能源管理权交与个人和市场的方式[①]。能源集体化也优于能源国有化。事实上奥斯特罗姆认为，"能源国有化的支持者和私有化的支持者一致认为应该进行从内而外的体系改革，并且应该辐射到所有的相关个体。"她反对"自然形成的集体活动的恰当理论"，但是这一理论在有些情况下更具效率。

玻利维亚、委内瑞拉、阿根廷等国以人民主权的名义将化石能源领域的私营企业收归国有。阿根廷国家石油公司或巴西国家石油公司的例子证明，国家对企业的控制（包括收益平均分配）不会促进能源变革。相反，这些国家还会以人民主权的名义继续勘探和开采化石能源和矿产。对气候和当地群众而言，国有企业在"后新自由主义"政策框架内进行

---

① 埃莉诺·奥斯特罗姆，《集体财富的管理：一个全新的自然资源方式》，布鲁塞尔，德伯克公司，2010。

的开采活动和以股东利益为唯一动力的跨国公司的开采活动没有什么大的不同。自然资源的国有化不会帮助群众夺回他们的能源未来。

重新创造国家和政治的公共财富

让能源和气候变成公共财富的决定面临着众多严峻的挑战，但是也避免了自然的私有化、金融化、集体化和国有化，带来了寻求其他管理模式的可能。德贝尔、德莱亚热和埃默里一致认为："当今危机要求创造一个既能尊重生态系统多样性又能尊重人类能力和需求的多样性的能源社会化。"他们也认为，"自由主义者希望能源私有化，但是放松能源管制不意味着私有化，反而意味着社会化[①]。"

使用公共财富不要求去政治化，但是也不以国有化为前提。当政治即国家时，使用公共财富要求人民群众的直接参与，实施集体管理和直接民主：为了防止公共财富消失，人们需要采取集体行动来关注、保证财富的持久性。这能够催生拥有同一目标的自发性集体参与的多种形式，促进新公共机构的出现。能源结构调整不会仅仅局限于能源和技术公司的改变，因此国家会调整自身结构。

---

① 让-克洛德·德贝尔，让-保罗·德莱亚热，达尼埃尔·埃默里，《能源历史》，p. 540.

对化石能源和民主之间的联系进行了大量研究后,蒂莫西·米切尔问我们:"在化石能源消失之后,为了管理化石能源时代而形成的政治机器能够继续存在吗[①]?"这是一个"走出化石时代"的能源变革政策的关键问题。我们用能源财富的推广和普及来回答这一问题。能源新体系的实施框架下,这个回答鼓励能源的私有化和决策权的下放。这是我们能源未来的极端民主化过程。一切都是为了走出化石时代。

[①] 蒂莫西·米切尔,《石油统治制,碳时代的民主》,p.21.

为了改变一切而试验

> 他们不知道这不可能，所以他们做到了。
>
> ——马克·吐温
>
> 存在另一个世界，它就在这个世界中。
>
> ——保尔·艾吕雅

在社会交融、想象和创新之下，通过公共财富来进行的变革拥有多种可能的方式，包括创造能源公共服务的可再生模式。捍卫、推广和普及能源公共管理模式实际上需要决定变革主题的群体的实践和试验。这种管理模式虽然没有与群众形成对抗，但是不会为最广大人民的参与提供便利。

因此每个地区都需要因地制宜、满足当地群众需求的方式。在能源财富的有效实践中，变革的中心群体决定当地能源变革的详细政策：群众参与的创新化和强化能够保证能源的生产和分配方式，提高能源效率，促进能源节约，推动所有地区重新定义能源的使用。无论生活、工作还是社会领域，都要讨论并实施能源变革。

目前我们有两个选择。第一个是通过创新参与式民主的实践方式、推动民主决策过程的极端化，来组织群众干预和地方干预。这个选择不是排外的，可能有用。然而对我们而言，大量极其深入的参与式民主实践缺乏说服力，因此这个选择并非是最适合的。但是目前专家政治仍旧牢牢把控着法国的能源政策，拒绝与群众共享能源领域的权利和特权。我们不能摒除专家政治，但在公共财富的使用框架下，我们不能把专家政治作为实施能源变革的政策和倡议的前提。

依靠现有的活力

第二个选择就是依靠现有的活力。正如娜奥米·克莱恩所写的，我们需要离开已经存在的东西："之前的活动都失败了，但对抗气候异常不是一项依靠神力才能成功的全新活动[①]。"各方提出的倡议互不协调，又颇受争议，时而有效，时而无用，通常正在开展当中，就濒临流产。从我们面临的巨大挑战的角度来看，这些倡议是远远不够的。我们应该共同面对逐渐恶化的气候危机和生态破坏，共同对抗那些时刻准备挽回地位和权力的保守势力，共同面对将我们引向深渊

[①] 娜奥米·克莱恩，《资本主义和气候变化》，p.516.

的经济和金融能源体系，面对敌人在崎岖的变革之路上设下的一系列陷阱，大家都是这么想的，难道不是吗？

如今，替代之路已经（有一部分）出现了。两股群众活力蓬勃发展，促成变革的实地践行，在跨越现有的经济、能源和政治体系的全球运动中画下的浓墨重彩的一笔。我们已经多次提及了第一股活力，就是我们所称的"堵路运动"。作为一种必要的辅助方式，反抗运动在当地和全球都激发了众多有关具体替代方式的创举。这些创举的目的在于深入转变我们当今不可持续的生产和消费模式。2013年10月，"生存！"组织和其他十多个西班牙和法国组织发起的巴约讷（巴斯克地区）运动用到了"替代运动"一词，我们可以在书中把这种群众热情称为"替代运动"，用不同的方式传播到世界各地。

为了用公共财富发展能源变革方式，我们依靠这些斗争和替代方式来重新获得决定生活和能源未来的权力。同样，"堵路运动"式斗争和"替代运动"式的创举是多种多样的，都传达出同一个讯息：我们的生活模式、社会组织和思考、决定和实施模式都是不可持续的。我们在实践中完全改变了上述模式：居民的食品和农业生态的主权、分配和流通、本土化、劳动分工和财富分配、生产过程的社会和生态转型、公共财富再私人化和普及、维修和再循环、减少垃圾、绿色交通和可持续出行、生态革新、可再生能源等，满足所有人的喜好。从现在起，众多创举建立了一个更低能耗、更团结、更民主、更公正的世界。这些社会、文化、政治实践预示着将会出现一个脱碳的、可持续的、宜居的世界。

为了让群众、居民和动员起来的劳动者实施这些创举，我们需要强调气候问题的紧迫性和能源变革的迫切要求，但是这些创举中没有指明这一点。变革者们希望改变日常生活或者建立一个能够改变万事发展过程的全球力量网络，但是他们不得不面对残酷的现实，明白坚持和普及这些创举是非常困难的。尽管那些企图维持现状的当地经济势力和组织不仅忽视了这些动员行动，有时候还会批判这些行动（当地经济组织并非经常如此），但是这些行动将会在政治和金融领域大范围展开，并且拓展到所有领域。

多样性和指南针

创举百出，旨在改善生活质量，增强社会联系，再建当地经济，最终减少碳足迹。这些实践考虑到我们赖以生存的复杂的生态系统的有限性，展现了地球局限的框架下的个人及集体的解放。尽管这不是它们的最初目标，但实践的确能够为走出化石时代提供支持。事实上与能源现状恶化相对抗的人和这些创举存在着密切的联系。例如，法国的"负瓦特"方案现在已经拓展到整个法国，检验哪些技术手段能够满足群众的能源需求，符合能源节约和高效政策。节约能源要求改变群众的生活习惯和行为，从而减少能源消耗。而高效能源政策则要求改善或替换现有的设备设施,来减少能源的单位消耗量(隔热建筑、拼车、公路铁路联运等)。此类设想往往不奢望未来会出现技术突破,而是希望我们能够节省大规模的便宜的可获得的清洁能源。从这些设想中我们也可以看出,我们有可能在保证生活质量的前提下减少能源消耗。它们是我们实施能源变革和利用能源的指南针。

实践中的社会公平

正如我们在前几章解释过的,生产体系循序渐进的转变需要解锁变革,并且将对生态、社会和政治组织的模式产生影响。转变的关键点在于不忽视变革过程中的社会参与。变革的方式既反全球化又存在相互联系,其基本点是通过对抗不平等来推进变革。可再生能源的发展越来越依赖于其民间参与式生产项目,能够为改善工作环境、鼓励能源生产的再私人化提供条件,而不是强化资本在劳动领域的主导地位和新自由主义的管理方式。同样地,真正的变革以行业转变为前提,需要通过雇佣者及其集体组织的积极参与来定义和实现行业转变。最终,能源节约和高能效政策将会改善最贫困、生活最不稳定的人群的生活质量。

协调气候变化斗争和就业岗位增加这两个方面,保证高排放行业的产业转变,保证就业和良好的工作环境,这些热点问题将变革与社会公平交织在一起。当然,试验是有用的。

英国的工会和生态组织形成的新联盟发起了一场名为"一百万个气候岗位"的运动，旨在说服人们，坚定的环保运动创造出的岗位比工业转型更多，而后者只会毁了气候。娜奥米·克莱恩说："如果我们将社会公平和保护气候的实践结合起来，人们就会为未来而斗争[1]。"应该让气候异常斗争变得众望所归，因为这样就能创造就业岗位，"一百万个气候岗位[2]"的推广者分析，仅英国而言，可再生能源的生产领域将增加40万个岗位，交通运输行业将增加30万个岗位，住房翻新领域将增加75万个岗位。这个实践有待创新和普及。

慢城和变革中的城市，城市弹性正在发展

通过对未来的世界进行具体的试验，比如发展变革中的

---

[1] 阿涅斯·卢梭，苏菲·沙佩勒，《娜奥米·克莱恩：如果我们将社会公平和保护气候的实践结合起来，人们就会为未来而斗争》，《巴斯塔！》，2015-04-08。www.bastamag.net/Naomi-Klein-Si-nous-conjuguons-justice-sociale-et-action-pour-le-climat-les.

[2] 马克西姆·孔布，《面对紧缩政策和失业：如何为环境创造几百万个岗位》，《巴斯塔！》，2015-05-01。www.bastamag.net/Face-aux-politiques-d-austerite-et-au-chomage-comment-creer-des-millions-d.

城市[1]、"慢城"[2]以及城市农业项目[3]等，这些具体的倡议试图从现在开始建立一个更低能耗、更团结、更民主、更公平的世界，包括重新建立一个城市。全世界分布着近两百个宜居的"慢城"，都是在当地市政委员会和人民群众的支持下建立起来的。"慢城"试验了多种替代性交通模式，考虑城市的流动性和规划，通过周边城市的贸易发展来支持当地的经济，促进城市密度的增加而非城市面积扩张，实施高效能源政策等。这一切都为了减少碳足迹，提高生活质量。

市民希望提高所在的城市、社区和地区的弹性，即增强当地解决能源匮乏、气候异常难题的能力，因此开展了这些"变革中的城市"项目。弹性这个说法将个人和集体的行动力置于变革的中心。要从今天开始适应未来的能源匮乏状况和生态系统的转变，而不是等到重大的生态灾难和人类危机出现时才临时抱佛脚，因此建议"为一个更加节约、更加自给自足的未来而准备，重视本地生产而非进口"。这些实践让所有人都参与到变革当中，从满足全球生态要求和具体检验未来世界可行性的高度出发，将理念引入到实

---

[1] http://villesentransition.net.

[2] 苏菲·沙佩勒，《让城市慢下来：对抗速度崇拜的慢城》《巴斯塔！》2012-09-25。http://www.bastamag.net/Ralentir-la-ville-les-Cittaslow.

[3] http://alter-echos.org/inventer/agriculture-urbaine.

际生活当中。

推广社会革新

变革的内容和要求需要所有投身于具体变革的人的参与，需要他们的知识、批判精神和智慧，这是一场庞大的集体试验和学习的运动，应该得到我们的支持。每一个地区的能源未来依靠着专业技术、非专业技术、科学知识和群众要求等要素的相互交织，只有参与式的合作方式才能汇集上述要素。与其通过中央集权和专家政治基础上的大型项目，鼓励能源使用者、居民和劳动者参与到投资决策和变革政策实施之中不是更好吗？

为了鼓励、推广、增加当地的社会和群众改革，我们需要变革孵化器，既能支持和伴随变革，又能为现有创举的取长补短提供空间。变革孵化器能够领导当地组织：实施和资助社会、生态、媒体、城市大学、教育和能力培养等方面的孵化器，以便激发现有的热情。未来十多年应该拓展关键性投资，开展变革，而不需要等到风险投资基金会、社会创业者或企业来设立孵化器。在当地的反抗运动和替代方式的协同作用下，在市民自发运动的实践下，"替代运动"已经成为一个强有力的孵化器。

走向系统替代

"农民之路"是一个小型农户、农业工作者、农村女性以及亚洲、美洲、欧洲和非洲的土著团体等参与的国际运动。为了维持农业生产，养活地球上更多的人口，确保各地的粮食主权，"农民之路"的农民要求降低地球温度。农业生态活动不仅能够唤醒农民对生态系统的尊重之情，还能有效促进生产活动的本地化，增强当地的社会交往和联系。一块肥沃的土地上能够开展上千次集体实践，以便应对气候挑战，实现组织模式的变革。从底特律到罗萨里奥、蒙特利尔，直至里约，成千上万的城市居民参与到城市农业和社区农圃的项目当中，重获部分食品自主性，重建社会联系，重新将生产和消费环节本地化。格雷斯·利·博格斯是捍卫公民权利的代表人物之一，他通过这些农圃掀起一场革命，并震撼了美国[1]。

正如反投资运动一样，社会革新和试验不仅仅局限于当地的土地和实践。美国、乌干达和其他国家的年轻人起诉各自的政府，因为政府的政策不足以解决气候异常问题。通过

---

[1] 苏菲·沙佩勒，《底特律，新自由主义后的世界实验室》，《巴斯塔！》2013-06-04。www.bastamag.net/Detroit- laboratoire-du-monde-d.

起诉，他们明确表示愿意服务于变革①。2015 年 6 月荷兰法院要求荷兰反省其为减排所做的努力，此时这些年轻人第一次获得了胜利②。这个决定无疑为国际气候公平的建立奠定了基础，同时众多法学家③和非政府组织④为气候公平不断奋斗着。是什么颠覆了国际标准，改变了力量对比：地球上的人们以后有可能追随着前人的步伐，在冻结大部分化石能源的必要性面前支支吾吾，甚至拒绝冻结吗？

由此来看，大量建议中包含了建立新的系统性替代方式的关键因素，如 "美好生活⑤"、捍卫公共财富、尊重本土地

---

① 详见有关停止气候犯罪的国际刑法改革的章节，《公民社会的号召》，巴黎，瑟约出版社，《人类世》，2015。

② 莫伊娜·福希耶-德拉维涅，西蒙·罗杰，《荷兰在气候公平上的历史性里程碑》，《世界报》，2015-06-25。www.lemonde.fr/planete/article/2015/06/25/la-justice-condamne-les-pays-bas-a-agir-contre-le-rechauffement-climatique_4661561_3244.html。

③ 洛朗·内雷，《从生态犯罪到生态灭绝》，《反对生态灭绝的公约草案》，布鲁塞尔，布吕朗出版社，2015. p. 285-301。

④ 终结地球生态灭绝运动网址：www.endecocide.org。

⑤ "美好生活"是南美洲国家的宇宙起源说中的一个说法，也是长达几个世纪的群众对抗运动的成果。通过生活模式和集体生活模式的转变，保证人类社会的 "永恒"，并与大自然建立一个平衡的联系。阿尔贝托·阿科斯塔，《美好生活：想象另外的世界》，巴黎，乌托邦出版社，2014。米丽亚姆·朗，杜尼娅·莫克哈米，《除了发展：拉丁美洲的批判和替代方法》，巴黎，阿姆斯特朗出版社，巴黎，2014

区、自然权利、食品主权、无增长的繁荣、反全球化等。任何一个社会和生态转变的范式都没有体现霸权主义，因为有关变革的政策应该尊重地球上的生态平衡和社会平衡，才能因地制宜，适应历史，符合群众需求。这些都是为了获得舒适生活、增进合作而走的替代之路，能令所有的社会性环境抵抗运动具有意义。这些抵抗运动在世界各地都上演着，描绘了系统性转变的版图。

目前，要推进一个试图应对 21 世纪各大挑战的真正变革，就需要将变革引入公共领域，开展斗争运动，从战略高度强制实施民主的公平的方法。无论这些方法的程度和强度如何，从"堵路运动"到"替代方法"，这些现有的方式都改变了我们的前进方向，预示着我们将去往何方。斗争运动和替代方法旨在减缓全球变暖趋势，是人类文明的真正改变。这个变化不是政令的产物，而是集体运动的结晶，后者坚决反对能源公司继续加热地球。气候变暖能够衍生出无数危险，因此我们应该联合所有的斗争力量，投入斗争之中，让化石能源留在地下，告别气候异常，创造出另一种未来。

致谢

首先，本书是众多环保人士和知识分子多年运动的结晶，他们为了创建更加环保、团结、公平、民主的世界而努力着，而我有幸见证并伴随了这些运动的开展。同时，他们在法国或者国外与我会面、交流，为本书的撰写提供了巨大的帮助。感谢每一个人，希望这本书能够为已经开启的变革之路添砖加瓦。

没有克里斯托夫·博纳伊和伊瑟出版社团队的信任、鼓励和理解，我就无法克服我的拖拉、犹豫和困难。万分感谢。

还要感谢那些在我身边一直支持我的人。他们明白我的感激之情有多么深。没有他们，这本书将难以出版。再次向所有人致以我诚挚的谢意。

绿色发展通识丛书 · 书目

GENERAL BOOKS OF GREEN DEVELOPMENT

01	巴黎气候大会 30 问
	［法］帕斯卡尔·坎芬　彼得·史泰姆／著
	王瑶琴／译

02	大规模适应
	气候、资本与灾害
	［法］罗曼·菲力／著
	王茜／译

03	倒计时开始了吗
	［法］阿尔贝·雅卡尔／著
	田晶／译

04	古今气候启示录
	［法］雷蒙德·沃森内／著
	方友忠／译

05	国际气候谈判 20 年
	［法］斯特凡·艾库特　艾米·达昂／著
	何亚婧　盛霜／译

06	化石文明的黄昏
	［法］热纳维埃芙·菲罗纳-克洛泽／著
	叶蔚林／译

07	环境教育实用指南
	［法］耶维·布鲁格诺／编
	周晨欣／译

08	节制带来幸福
	［法］皮埃尔·哈比／著
	唐蜜／译

09 看不见的绿色革命
［法］弗洛朗·奥嘎尼尔　多米尼克·鲁塞 / 著
黄黎娜 / 译

10 马赛的城市生态实践
［法］巴布蒂斯·拉纳斯佩兹 / 著
刘姮序 / 译

11 明天气候 15 问
［法］让–茹泽尔　奥利维尔·努瓦亚 / 著
沈玉龙 / 译

12 内分泌干扰素
看不见的生命威胁
［法］玛丽恩·约伯特　弗朗索瓦·维耶莱特 / 著
李圣云 / 译

13 能源大战
［法］让·玛丽·舍瓦利耶 / 著
杨挺 / 译

14 气候变化
我与女儿的对话
［法］让–马克·冉科维奇 / 著
郑园园 / 译

15 气候地图
［法］弗朗索瓦–马理·布雷翁　吉勒·吕诺 / 著
李锋 / 译

16 气候闹剧
［法］奥利维尔·波斯特尔–维纳 / 著
李冬冬 / 译

17 气候在变化，那么社会呢
［法］弗洛伦斯·鲁道夫 / 著
顾元芬 / 译

18 让沙漠溢出水的人
［法］阿兰·加歇 / 著
宋新宇 / 译

19 认识能源
［法］卡特琳娜·让戴尔　雷米·莫斯利 / 著
雷晨宇 / 译

20		认识水

[法]阿加特·厄曾　卡特琳娜·让戴尔　雷米·莫斯利/著
王思航　李锋/译

21		如果鲸鱼之歌成为绝唱

[法]让-皮埃尔·西尔维斯特/著
盛霜/译

22		如何解决能源过渡的金融难题

[法]阿兰·格兰德让　米黑耶·马提尼/著
叶蔚林/译

23		生物多样性的一次次危机

生物危机的五大历史历程
[法]帕特里克·德·维沃/著
吴博/译

24		实用生态学（第七版）

[法]弗朗索瓦·拉玛德/著
蔡婷玉/译

25		食物绝境

[法]尼古拉·于洛　法国生态监督委员会　卡丽娜·卢·马蒂尼翁/著
赵飒/译

26		食物主权与生态女性主义

范达娜·席娃访谈录
[法]李欧内·阿斯特鲁克/著
王存苗/译

27		世界能源地图

[法]伯特兰·巴雷　贝尔纳黛特·美莱娜-舒马克/著
李锋/译

28		世界有意义吗

[法]让-马利·贝尔特　皮埃尔·哈比/著
薛静密/译

29		世界在我们手中

各国可持续发展状况环球之旅
[法]马克·吉罗　西尔万·德拉韦尔涅/著
刘雯雯/译

30		泰坦尼克号症候群

[法]尼古拉·于洛/著
吴博/译

31 温室效应与气候变化
［法］斯凡特·阿伦乌尼斯 等／著
张铱／译

32 向人类讲解经济
——只昆虫的视角
［法］艾曼纽·德拉诺瓦／著
王旻／译

33 应该害怕纳米吗
［法］弗朗斯琳娜·玛拉诺／著
吴博／译

34 永续经济
走出新经济革命的迷失
［法］艾曼纽·德拉诺瓦／著
胡瑜／译

35 勇敢行动
全球气候治理的行动方案
［法］尼古拉·于洛／著
田晶／译

36 与狼共栖
人与动物的外交模式
［法］巴蒂斯特·莫里佐／著
赵冉／译

37 正视生态伦理
改变我们现有的生活模式
［法］科琳娜·佩吕雄／著
刘卉／译

38 重返生态农业
［法］皮埃尔·哈比／著
忻应嗣／译

39 棕榈油的谎言与真相
［法］艾玛纽埃尔·格伦德曼／著
张黎／译

40 走出化石时代
低碳变革就在眼前
［法］马克西姆·孔布／著
韩珠萍／译